Elektrische Kranausrüstungen

der

Siemens-Schuckertwerke

nach 25 jähriger Entwickelung

Teil I
Motoren und Apparate

Springer-Verlag Berlin Heidelberg GmbH 1913

Softcover reprint of the hardcover 1st edition 1913

ISBN 978-3-662-23783-0   ISBN 978-3-662-25886-6 (eBook)
DOI 10.1007/978-3-662-25886-6

Inhalt

IV. Steuervorrichtungen

V. Bremsmagnete

VI. Sicherheitsvorrichtungen

I · EINLEITUNG

1. Geschichtliches.

Zu Beginn des gegenwärtigen Jahrzehnts konnte der Bau von elektrisch betriebenen Kranen und verwandten Transportvorrichtungen auf eine etwa 25jährige Entwicklung zurücksehen. Der erste Versuch, den elektrischen Strom für Hebezeuge zu benutzen, wurde bereits im Jahre 1880 gemacht. Werner Siemens, der auch auf diesem Gebiete bahnbrechend vorging, konstruierte in diesem Jahre einen für die Mannheimer Industrieausstellung bestimmten elektrischen Aufzug, der unbestritten das erste elektrische Hebezeug darstellt. (Fig. 1.) Der Aufzug, der jetzt im Deutschen Museum von Meisterwerken der Naturwissenschaft und Technik in München aufgestellt ist, wird in dem Katalog über die von den Siemens-Schuckertwerken und der Siemens & Halske A.-G. dort ausgestellten Erzeugnisse näher beschrieben:

Der 1880 in der Mannheimer Industrieausstellung vorgeführte erste elektrische Aufzug eines Aussichtsturmes von 20 m Höhe ist derart eingerichtet, daß der Motor an einer festliegenden, senkrechten Zahnstange oder Leiter L gleichsam hinaufklettert und den an ihm befestigten Fahrstuhl mitnimmt. Die unter dem Podest

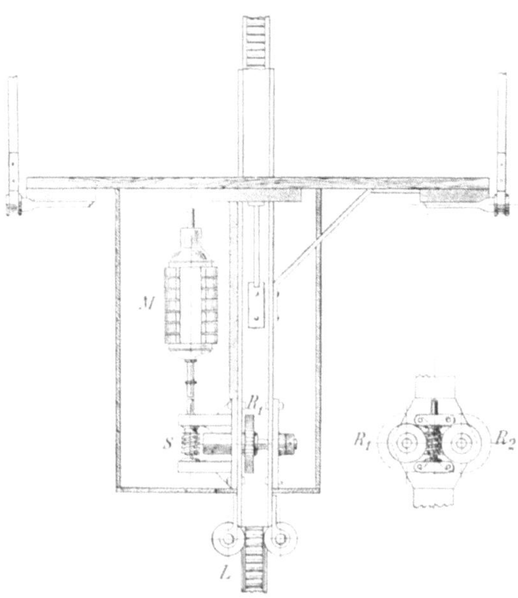

Fig. 1. Erstes elektrisches Hebezeug.

des Fahrstuhls angebrachte Maschinerie besteht aus dem Motor M (vergl. Fig. 1) mit einer Schraube ohne Ende S, die zwei von beiden Seiten in die Sprossen der Leiter eingreifende Zahnräder R_1 und R_2 bewegt.

Das Umsteuern und Anlassen des Motors selbst wurde durch Umlegen der Kommutatorbürsten und stufenweises Vermindern des vorgeschalteten Anlaßwiderstandes bewirkt, wie es zu damaliger Zeit auch bei der elektrischen Bahn üblich war. Der Anlaßwiderstand war ein

Flüssigkeitswiderstand. Durch passende Einrichtungen wird bewirkt, daß sich diese Umschaltung selbsttätig an jedem Endpunkt der Hebung bezw. Senkung vollzieht.

Der Aufzug beförderte in den wenigen Wochen seiner Tätigkeit ohne Störung 8000 Personen.

Nachdem durch Ausführung dieses Aufzuges die Bahn gewiesen war, folgte bald die Einführung der elektrischen Aufzüge in den Werkstättenbetrieb. So wurde im Jahre 1882/83 von Siemens Brs. & Co. Ltd., London, ein Aufzug gebaut, der in den Werkstätten dieser Firma Aufstellung fand.

Einige Jahre darauf ging man dazu über, auch Krane elektrisch zu betreiben. Der erste elektrische Kran in Deutschland war ein Laufkran, der im Jahre 1885 in der Montagewerkstatt der Helios-Elektrizitäts-A.-G. in Cöln in Betrieb genommen wurde. Zobel, Neubert & Co., Schmalkalden, lieferten im Jahre 1886 an die A.-G. für Eisenindustrie und Brückenbau vorm. Johann Kaspar Harkort in Duisburg einen fahrbaren Gerüstkran, der mit einem Elektromotor von 5 PS ausgerüstet war.

Für die spätere Entwicklung war ein elektrischer Kran bedeutungsvoll, den Ludwig Stuckenholz, Dampfkessel- und Maschinenfabrik, Wetter a. d. Ruhr, im Jahre 1887 für die Werft von Blohm & Voß, Hamburg, lieferte. Die elektrische Einrichtung dieses Kranes wurde von Siemens & Halske, Berlin, ausgeführt. Aus dem Schriftwechsel, welcher der Bestellung dieses Kranes voranging, ist zu ersehen, welche ungewohnte Schwierigkeiten damals zu überwinden waren, um Maschinen zu schaffen, deren heutige Vollkommenheit uns als selbstverständlich erscheint.

Ludwig Stuckenholz schreibt am 24. Dezember 1886 an Siemens & Halske, Berlin:

„Die Herren Blohm & Voß, Hamburg, beabsichtigen für eine Anzahl Laufkrane in neu zu errichtenden Werkstätten elektrische Krafttransmission anzuwenden . . . Ich beabsichtige nun, die Konstruktion meiner Laufkrane mit Seilbetrieb fast unverändert beizubehalten und an Stelle der Treibseilscheibe eine große glatte Friktionsscheibe zu setzen . . . Ich habe schon einige Male elektrische Übertragung projektiert, jedoch war der Preisunterschied gegen den Seilbetrieb jedesmal zu hoch. In diesem Falle haben sich jedoch genannte Herren definitiv entschlossen, elektrische Transmission anzuwenden."

Am 11. Januar 1887 übersandten dann Siemens & Halske den folgenden Kostenanschlag, bei dem ein Motor von 8 PS, Drehzahl 900, Gewicht 770 kg vorgesehen war.

1 sekundäre elektr. Maschine D_1 [1]) einschl. Verpackung . . . . . . M	3360,—
1 Reserveanker einschl. Verpackung . . . . „	1320,—
1 Einschalter einschl. Verpackung . . . . „	80,—
1 Widerstandskasten einschl. Verpackung . . . . „	520,—
2 Kontaktschlitten mit Leitungsseilen . . . . „	150,—
M	5430,—

An Stelle der genannten Maschine D_1 wurde später die billigere Maschine gH_i mit hufeisenförmigem Magnetgestell, Leistung 8 PS, Drehzahl 900, Gewicht 730 kg, vorgeschlagen, wobei sich die Gesamtkosten der oben aufgeführten elektrischen Einrichtung für einen einzelnen Kran auf M 3461,— stellen sollten. Bei Aufstellung mehrerer Krane sollte ein Reserveanker für je vier Krane ausreichen. Es ist von Interesse, den angegebenen Beträgen die heutigen Gesamtkosten für eine entsprechende Ausrüstung gegenüberzustellen. Diese betragen bei weit kräftigerer Bauart und geschlossener, viel kostspieligerer Ausführung des Motors einschließlich des

[1]) Die Bezeichnung Elektromotor war damals noch nicht allgemein gebräuchlich. Die D_1-Maschinen besaßen Magnete aus mehreren Lamellen mit Folgepolen.

Bremsmagneten nur etwa die Hälfte der zuletzt genannten Summe. Über die Einzelheiten der Anlage schreiben Siemens & Halske am 14. Mai 1887 an ihren Vertreter in Kiel:

„Wir sind der Ansicht, daß sich der elektrische Betrieb für die in Aussicht genommene Anlage gut eignen würde. Dieselbe besteht aus acht getrennten Kranen. Jeder derselben erhält eine sekundäre elektrische Maschine, die sicher acht gebremste Pferdestärken geben muß. Die sekundären Maschinen sollen beständig im Gange sein und werden deshalb die Krane auf mechanischem Wege stoßfrei ein- und ausgerückt. Außerdem sollen die sekundären Maschinen bei Leer- und Vollgang dieselbe Tourenzahl machen, in Grenzen bis zu höchstens 30% Differenz. Um diesen Anforderungen nach Möglichkeit zu entsprechen, machen wir folgende Vorschläge: Am besten würde es sein, wenn für jeden Kran mit sekundärer Maschine auch eine entsprechende primäre Maschine vorhanden wäre, welche mit besonderer Leitung für sich arbeitete[1]). Sollte dies jedoch aus irgendwelchen Gründen nicht zulässig sein, vielleicht aus Mangel an Raum, so könnten auch zwei primäre Maschinen n H 20[2]) zur Verwendung kommen und müßten die sekundären Maschinen alle parallel geschaltet werden. Dieselben erhalten außerdem gemischte Wicklung. Zum Betriebe der acht Krane müßte eine Dampfmaschine von 110 PS disponibel sein. Dieselbe könnte wohl auch geringer sein, wenn nicht vorausgesetzt wird, daß gleichzeitig alle acht Krane je acht Pferdekräfte zu leisten hätten. Die Fahrbahn der Krane soll ca. 100 m lang sein. Entlang derselben müssen für jeden Kran zwei Leitungen angebracht werden, an welchen je eine Kontaktvorrichtung schleift, um den Strom an die sekundären Maschinen zu leiten."

Am 17. Juni 1887 erhielten Siemens & Halske von ihrem Vertreter in Kiel die Bestellung auf den elektrischen Teil der Krananlage, der dann im September und Oktober 1887 geliefert wurde.

Die neunziger Jahre des vorigen Jahrhunderts brachten weiter die Einführung des Elektromotors in die Hafenkrane. So wurde im Jahre 1890 vom Eisenwerk (vorm. Nagel & Kaemp) A.-G., Hamburg, für Versuchszwecke ein Halbportalkran gebaut, der mit einem Elektromotor von Siemens & Halske ausgerüstet war. Dieser Kran zeigte gegenüber dem oben erwähnten Kran insofern einen wesentlichen Fortschritt, als von vornherein vorgesehen war, daß der Motor nur während der Zeit der Arbeitsleistung eingeschaltet sein sollte. Ein Versuchskran, den das Eisenwerk (vorm. Nagel & Kaemp) A.-G. im Jahre 1891 in Verbindung mit Siemens & Halske baute, zeigte dann eine weitere Annäherung an die neuzeitliche Kranausführung, indem er als Mehrmotorenkran ausgebildet wurde, eine Anordnung, die Siemens & Halske damals bereits für Laufkrane vorgesehen hatten.

Trotz der ersten günstigen Erfolge war jedoch noch ein weiter Weg zurückzulegen, bis alle Einzelheiten der elektrischen und mechanischen Ausführung zu der gegenwärtigen Stufe der Vollkommenheit gebracht waren. Man machte bald die Erfahrung, daß der Hebezeugbetrieb an die Motoren und Apparate eine Reihe von Anforderungen stellte, denen die bisher für gleichmäßigen Dauerbetrieb erprobten Ausführungen nicht gewachsen waren. Bessere Erfolge wurden erzielt, als man die Motoren und Apparate aus den Vereinigten Staaten von Amerika bezog, wo infolge der dort ziemlich weit vorgeschrittenen Entwicklung der elektrischen Straßenbahnen ein Material zur Verfügung stand, das sich den Forderungen des Hebezeugbetriebes verhältnismäßig gut anpaßte.

---

[1]) Die Speisung jedes einzelnen Arbeitsmotors durch einen besonderen Generator ist in der besonderen Form der Leonardschaltung später sehr wichtig geworden.

[2]) Die n H-Maschinen waren im Unterschied von den g H-Maschinen Nebenschlußmaschinen.

Beispielsweise schlug die Union-Elektrizitätsgesellschaft diesen Weg mit Erfolg ein. Die andern Elektrizitätsfirmen, die zu der amerikanischen Industrie keine Beziehungen pflegten, waren gezwungen, ihre eigenen Motoren und Apparate derart umzugestalten, daß sie dem Hebezeugbetrieb vollständig gerecht wurden.

Diese Entwicklung wurde durch die Arbeiten der Siemens & Halske A.-G., Berlin, und der E.-A. vormals Schuckert & Co., Nürnberg, wesentlich gefördert. Ebenso wie Siemens & Halske durch den Bau von Versuchskranen die Bedingungen des Kranbetriebes klarzulegen versuchten, so entschloß sich auch die Firma Schuckert, für den gleichen Zweck in ihren eigenen Werkstätten einen Versuchsdrehkran aufzustellen. Der mechanische Teil dieses Kranes wurde von der Mannheimer Maschinenfabrik Mohr & Federhaff, Mannheim, bezogen. Dieser Kran bot Gelegenheit, alle Neuerungen auf dem Gebiete der elektrischen Hebezeuge zu erproben, und förderte besonders die Entwicklung der Hafenkrane in hohem Maße. Die E.-A. vorm. Schuckert & Co. wurde auf diese Weise in den Stand gesetzt, auf dem Gebiete der elektrischen Hebezeuge außerordentlich erfolgreich zu arbeiten, so daß die von ihr ausgerüsteten Krane wegen der Vollkommenheit des elektrischen Teiles und mit Rücksicht auf ihre große Zahl in den neunziger Jahren des vorigen Jahrhunderts an erster Stelle stehen. Bis zum Januar 1902 wurden von der E.-A. vorm. Schuckert & Co. über 100 Hafenkrane, davon allein 50 für den Hamburger Hafen, und 225 Krane für Werkstätten, Gießereien usw. mit elektrischer Ausrüstung versehen.

Es würde zu weit führen, alle Fortschritte im einzelnen zu verfolgen. Welche hohe Stufe in der Entwicklung gegenwärtig erreicht ist, geht aus der folgenden Darstellung der elektrischen Kranausrüstungen der Siemens-Schuckertwerke hervor. Da die Siemens-Schuckertwerke aus der Vereinigung der Starkstromabteilungen der Siemens & Halske A.-G., Berlin, und der E.-A. vorm. Schuckert & Co., Nürnberg, hervorgegangen sind, so konnten sie auf den Erfahrungen dieser beiden, auf dem Gebiete der Kranausrüstungen besonders tätigen Firmen aufbauen. Sie haben, nachdem von ihnen jetzt rund 25 Jahre auf dem Gebiete der elektrischen Hebezeuge gearbeitet ist, die Entwicklung ihrer Kranausrüstungen zu einem gewissen Abschluß gebracht. Die Beschreibung dieser Ausrüstungen bildet den Inhalt der vorliegenden Druckschrift.

2. Vorzüge des elektrischen Betriebes von Hebezeugen.

Der elektrische Betrieb von Kranen und verwandten Transportvorrichtungen besitzt folgende Vorzüge:

Größte Betriebssicherheit. — Wirtschaftliches Arbeiten. — Leichte und handliche Bedienung. — Weitgehende Steuerfähigkeit.

Infolge dieser Vorzüge hat der elektrische Antrieb bei Kranen und ähnlichen Betrieben alle anderen Antriebsarten, wie Dampf, Preßluft und Preßwasser, verdrängt und gleichzeitig zur Ausbildung einer großen Reihe von neuen Hebezeugarten, wie Verladebrücken, Elektrohängebahnen, Selbstgreifer-Drehkranen, Waggonkippern, Gießkranen usw., Veranlassung gegeben. Man darf wohl sagen, daß die Elektrizität kaum auf einem anderen Gebiete so durchgreifend und umwälzend gewirkt hat wie im Bereich der Hebezeuge.

Die Einfachheit, Sicherheit und Wetterbeständigkeit der elektrischen Leitung, der Wegfall wesentlicher Unterhaltungskosten für die Zuleitung der Energie, die Möglichkeit, den Strom auch den in Bewegung befindlichen Maschinen in einfacher Weise zuführen zu können, die leichte Teilbarkeit der elektrischen Energie für den Antrieb von Motoren verschiedener Leistung und Drehzahl, alles das sind Vorzüge, die im Hebezeugbetriebe von ausschlaggebender Bedeutung sind.

Hierzu kommt, daß der Elektromotor, der sich in seinem Energieverbrauch selbsttätig der jeweiligen Last anpaßt, bei allen Belastungen wirtschaftlich arbeitet. Auch werden die Verluste während der Betriebspausen, sowie größere Leitungsverluste, wie sie beispielsweise beim hydraulischen Betrieb auftreten, vermieden.

Weitere Vorzüge der elektrisch betriebenen Hebezeuge sind die Bequemlichkeit und Sicherheit der Bedienung, sowie die weitgehende Regelbarkeit der Motoren, wodurch die im modernen Kranbetriebe unerläßliche hohe Steuerfähigkeit in vollem Maße erzielt wird. Die Einstellung der verschiedenen Geschwindigkeiten beim Heben und Senken, die Regelung der Fahrgeschwindigkeit und endlich das genaue Anhalten läßt sich bei keiner anderen Antriebsart so vollkommen erreichen wie beim elektrischen Betrieb.

Eine Reihe von Aufgaben des modernen Hebezeugbaues kann nur auf elektrischem Wege gelöst werden. Der Bau elektrisch betriebener Hebezeuge ist daher zu einem der wichtigsten und vielseitigsten Sondergebiete des Maschinenbaues geworden.

3. Stromarten.

Anfangs wurden zum Antrieb von Kranen fast ausschließlich **Gleichstrommotoren** verwendet. Diese wurden, solange es sich um Einmotorenkrane handelte, als Nebenschlußmotoren gebaut. Mit der Einführung der Mehrmotorenkrane ging man dann zu Reihenschlußmotoren über, die verschiedene für den Kranbetrieb wertvolle Eigenschaften besitzen. Sie stellen z. B. ihre Drehzahl selbsttätig nach der Belastung ein, indem sie leichte Lasten schneller heben als schwere. Auch lassen sie sich in einfacher Weise abbremsen, indem man den Motor als Generator arbeiten läßt. In manchen Fällen ergibt sich bei Verwendung von Gleichstrom noch der Vorteil, daß ein etwa erforderlicher Belastungsausgleich in besonders einfacher Weise mit Akkumulatoren erzielt werden kann.

Mit der zunehmenden Verwendung des Drehstromes ergab sich jedoch die Notwendigkeit, auch den **Drehstrommotor** als Kranmotor auszubilden. Das ist inzwischen mit solchem Erfolg geschehen, daß man jetzt nicht mehr behaupten kann, der Gleichstrommotor sei für den Antrieb von Kranen dem Drehstrommotor grundsätzlich überlegen. Beide Arten von Motoren haben zwar ihre besonderen Eigenschaften, die nach den jeweiligen Betriebsbedingungen bald den einen, bald den anderen als besonders geeignet erscheinen lassen. In keinem Falle aber sind die Eigenschaften eines Motors von der Art, daß sie seine Verwendung aus betriebstechnischen Gründen ausschlössen. In allen Fällen, in denen die Anlage aus einem bestehenden Kraftwerk gespeist werden kann, braucht die Frage der Stromart also nicht erörtert zu werden.

In den wenigen Fällen, in denen für den Betrieb der Krane ein besonderes Kraftwerk errichtet wird, wie z. B. bei Hafenanlagen, hängt die Entscheidung über die Stromart mehr von wirtschaftlichen als von betriebstechnischen Erwägungen ab. Man gibt bei wenig ausgedehnten Gebieten in der Regel dem Gleichstrom den Vorzug, weil dabei eine Aufspeicherung des Stromes in Akkumulatoren möglich ist und auch die Anlage- und Betriebskosten für Kraftwerk, Verteilungsnetz und Motoren im allgemeinen etwas geringer werden. Ist dagegen ein ausgedehntes Gebiet mit Hebezeugen besetzt, so wird man zur Verringerung der Leitungskosten mit hoher Spannung, also mit Drehstrom arbeiten. Der Bau von Überlandzentralen, sowie die Ausbildung von sehr schnell wirkenden Spannungsreglern, durch welche diese Kraftwerke gegen Belastungsschwankungen unempfindlich werden, wird dahin führen, daß der Drehstrommotor im Hebezeugbetriebe eine immer ausgedehntere Anwendung findet. Auch die Ausbildung des Drehstrom-Kommutatormotors wird voraussichtlich das Verwendungsgebiet des Drehstroms im Hebezeugbetrieb vergrößern. Im folgenden ist jedoch auf diesen Motor noch keine Rücksicht genommen.

Der **Einphasenstrom** hat, da es bisher nur wenig Einphasenstromnetze gab, für den Betrieb von Hebezeugen nur selten Anwendung gefunden. Da sich jedoch die Zahl der Einphasenstromnetze im Zusammenhang mit der Entwicklung der elektrischen Vollbahnen neuerdings erhöht, so wird dem Einphasenstrom künftig wohl eine etwas größere Bedeutung zukommen. Eine Umformung des etwa vorhandenen Einphasenstromes in Gleichstrom oder Drehstrom ist allenfalls aus wirtschaftlichen Rücksichten, aber nicht mehr aus betriebstechnischen Gründen erforderlich, da ein zum Betrieb von Hebezeugen gceigneter Einphasenstrommotor inzwischen mit vollem Erfolg ausgebildet worden ist.

Für besonders angestrengte Betriebe oder für sehr weitgehende Geschwindigkeitsregelung kann eine Umformung der verfügbaren Stromart in Gleichstrom von veränderlicher Spannung in Frage kommen (vergl. Leonardschaltung, Abschnitt 10).

4. Bemessung des Kraftwerkes

Für die Bestimmung der Größe eines Kraftwerkes, das den Strom zum Betrieb von Hebezeugen zu liefern hat, lassen sich bei der Verschiedenheit dieser Anlagen keine allgemein gültigen Regeln geben. Einen ungefähren Anhalt bieten die folgenden Erfahrungswerte über die Bemessung von Hafenkraftwerken:

Die Hafenkrane erhalten in der Regel für das Heben, Fahren und Drehen drei besondere Motoren, deren Leistungen sich ungefähr wie $5 : 2 : 1$ verhalten. Der Anfahrstrom ist bei allen drei Triebwerken im Mittel doppelt so stark wie der normale Strom.

Der mittlere Wirkungsgrad der Motoren kann zu 0,83 und der Wirkungsgrad der Zuleitung zu 0,90 angenommen werden, so daß sich der Gesamtwirkungsgrad der Übertragung von den Sammelschienen des Kraftwerkes bis zum Triebwerk des Kranes etwa zu 0,75 ergibt.

Bei dem angestrengten Betrieb der Hafenkrane ist anzunehmen, daß bereits während des Hubes mit dem Drehen der Last begonnen wird. Ist also die Hubleistung gleich N, so ist die Leistung des Drehmotors gleich $1/5$ N, seine Anzugsleistung also $2/5$ N, die Gesamtleistung beim Anziehen des Drehmotors also gleich $N + 2/5$ N, oder unter Berücksichtigung des Wirkungsgrades $1/0{,}75 \cdot (N + 2/5\,N) = 1{,}9$ N.

Diese Leistung von 1,9 N pflegt man bei Bemessung des Kraftwerkes als Normalleistung eines Kranes zugrunde zu legen. Da eine stoßweise Überlastung von 40 % (z. B. auch nach den vom V. D. E. herausgegebenen Normalien für Bewertung und Prüfung elektrischer Maschinen und Transformatoren) in der Regel zugelassen wird, so reicht die Leistung des Kraftwerkes auch noch aus, wenn die Leistung eines Kranes stoßweise bis auf den Betrag von $1{,}4 \cdot 1{,}9$ N $= 2{,}66$ N steigt. Sie genügt also auch für das Anlassen des Hubmotors, das $2 \cdot N/0{,}75 = 2{,}67$ N beansprucht, sowie für das Anlassen des Fahrmotors während des Hubes, wobei $1/0{,}75 \cdot (N + 2 \cdot 2/5\,N)$, also 2,4 N erforderlich sind.

Bei Anlagen mit einer größeren Zahl von Kranen ist es praktisch nicht nötig, das Kraftwerk für das Produkt aus der Normalleistung und der Zahl der Krane zu bemessen, da nicht alle Krane gleichzeitig und gleichmäßig arbeiten. Wie die Erfahrung ergibt, ist in diesem Falle für jeden Kran statt der Normalleistung von 1,9 N nur deren in der folgenden Zahlentafel in Hundertteilen angegebene Teilbetrag vorzusehen:

Anzahl der Krane	5	10	25	50	100	200	500
Kraftwerksleistung für jeden Kran in Hundertteilen des Betrages von 1,9 N	80	65	50	40	35	30	20

Umfaßt also eine Anlage 25 Krane mit einer Hubleistung von je 20 PS, so ist die erforderliche Leistung des Kraftwerkes:

$$50/100 \cdot 25 \times 1,9 \cdot 20 \, PS = 475 \, PS.$$

An den Sammelschienen des Kraftwerkes müssen also 350 KW zur Verfügung stehen.

II · MOTOREN

5. Auswahl der Motoren

ie Anforderungen, die an Motoren für Krane und verwandte Transportvorrichtungen gestellt werden, sind so wechselnd und vielseitig, daß es vieler Erfahrungen bedarf, um durch sachgemäße Auswahl der Motoren den zweckmäßigen Betrieb der Hebezeuge sicherzustellen. Die Gesichtspunkte, die hierbei besonderer Beachtung bedürfen, sind:

Leistungsfähigkeit des Motors

Drehzahl des Motors

Offene oder geschlossene Bauart

Ein- oder Zweiteiligkeit des Motorgehäuses

Beschränkung auf wenige normale Ausführungen.

Leistungsfähigkeit. Die Abmessungen eines Kranmotors werden durch zwei Bedingungen bestimmt:

1. Der Motor muß die während eines jeden Arbeitsspieles erforderlichen Momentanleistungen hergeben können.

2. Die zulässigen Erwärmungsgrenzen dürfen nicht überschritten werden.

Um der ersten Bedingung zu genügen, muß die Motorleistung entsprechend dem Bewegungswiderstand, der Arbeitsgeschwindigkeit und dem Wirkungsgrad des Getriebes gewählt werden. Diese Motorleistung wird von seiten des Hebezeugbauers festgesetzt. Es muß darauf hingewiesen werden, daß es sich unbedingt empfiehlt, diese Leistung reichlich zu wählen.

Die Aufgabe des Elektrotechnikers ist es nun, den Motor so zu bemessen, daß er den vom Hebezeugbauer gestellten Bedingungen entspricht, ohne sich unter den vorliegenden Betriebsverhältnissen zu sehr zu erwärmen. Da die Erwärmung durch das Produkt aus dem Quadrat der Stromstärke und der Zeit gegeben ist, so müßte man zur exakten Ermittelung des erforderlichen Motormodells ein genaues Zeitdiagramm der Momentanleistungen des Motors aufstellen und daraus den (quadratischen) Mittelwert der Stromstärke berechnen. Das Motormodell müßte dann so reichlich gewählt werden, daß es ohne eine schädliche Erwärmung dauernd mit diesem Mittelwert der Stromstärke belastet werden kann. Dabei ist noch darauf zu achten, daß der Motor mit Rücksicht auf das geforderte Anzugsmoment unter Umständen größer zu wählen ist, als es allein wegen der Erwärmung nötig wäre.

Der beschriebene Weg zur Bemessung des Motormodells ist aber in der Regel nicht gangbar, da sich die verschiedenen Betriebsmöglichkeiten des Hebezeuges gewöhnlich gar nicht genau vorausbestimmen lassen. Auf alle Fälle aber ist eine derartige exakte Berechnung des Motormodells äußerst umständlich. Glücklicherweise vermögen die reichen Erfahrungen, die über den Betrieb von Hebezeugen vorliegen, die sonst erforderliche Berechnung zu ersetzen. Je nach dem Zweck des Hebezeuges kann man von vornherein mit einer gegebenen Betriebsweise, d. h. mit einer bestimmten Dauer und Häufigkeit der einzelnen Spiele rechnen und auch die sonstigen Betriebsbedingungen ausreichend beurteilen. Auf diese Weise ist man in der Lage, mit genügender Sicherheit zu entscheiden, welches Motormodell im einzelnen Fall zu wählen ist. Bei schwachem Betrieb genügt ein Modell, das ohne übermäßige Erwärmung imstande sein würde, die vom Hebezeugbauer vorgeschriebene Motorleistung bei ununterbrochener, gleichmäßiger Belastung etwa eine halbe Stunde lang zu liefern. Bei mittleren und schwierigeren Betrieben wird ein Modell gewählt, das diese Leistung etwa dreiviertel bis eine Stunde abzugeben vermag, während bei ganz schweren Betrieben Modelle gewählt werden müssen, welche die vorgeschriebene Leistung etwa $1^{1}/_{2}$ Stunden liefern können. Man unterscheidet demnach Motoren für 30-, 45-, 60- und 90-Minutenleistung. Die Zeiten sind dabei so zu verstehen, daß sie nicht der wirklichen Einschaltung des Motors im Kranbetrieb entsprechen, sondern der Zeit, die er bei g l e i c h m ä ß i g e r Belastung eingeschaltet sein k ö n n t e, ohne sich übermäßig zu erwärmen.

30-Minutenleistung. Am weitesten kann man mit der Ausnutzung des Modells bei solchen Hebezeugen gehen, die nur selten in Tätigkeit treten. Dahin gehören Krane in Kraftwerken, weiter fast alle Rangiereinrichtungen, wie Drehscheiben, Spills und selten benutzte Schiebebühnen und dergl., endlich die Fahrwerke solcher Verladebrücken, Portalkrane usw., die nur selten ihren Platz verändern. Für alle diese Antriebe genügt es, einen Motor zu wählen, der die vorgeschriebene Leistung nur etwa 30 Minuten lang abgeben kann.

45-Minutenleistung. Bei der Mehrzahl aller im Güterverkehr und industriellen Betrieben arbeitenden Hebezeuge, nämlich bei fast allen Hafenkranen, bei denen der Stückgüterverkehr vorherrscht, und bei der Mehrzahl der Werkstattkrane, Gießereikrane und Werftkrane pflegt die größte Last, für die sie bestimmt sind, nur selten aufzutreten und die Ruhepausen sind dauernd meist erheblich länger als die Arbeitszeiten. Für solche Krane werden Motoren gewählt, welche die geforderte Leistung etwa 45 Minuten lang abgeben können.

Die 45-Minutenleistung wird oft als Kranleistung bezeichnet.

60-Minutenleistung (Stundenleistung). Für alle Hebezeuge, die dem dauernden Transport von Massengütern dienen, und für die meisten Hüttenwerkskrane sind Motoren zu wählen, die die vorgeschriebene Leistung etwa 60 Minuten lang abgeben können (Stundenleistung). Hierhin gehören die Hafenkrane für Massengüter, die Hebezeuge mit Selbstgreifern zum Verladen von Kohle und Erz, die Krane, die zum Verladen von Schrott und Masseln benutzt werden, besonders wenn sie mit Lastmagneten arbeiten, und die Hüttenkrane, die bei dem heute üblichen angestrengten Betrieb der Hüttenwerke Tag und Nacht ohne Unterbrechung in Tätigkeit sind, wie Coquillenkrane und Chargiermaschinen.

90-Minutenleistung. Bei besonders stark beanspruchten Hebezeugen, deren ständige Betriebsbereitschaft unbedingt selbst dann gefordert wird, wenn sie z. B. einer besonders rauhen Handhabung durch das Personal sowie hohen Temperaturen ausgesetzt sind, wird man gut tun, die Motoren noch reichlicher zu wählen, derart, daß sie die vorgeschriebene Leistung etwa 90 Minuten lang abgeben können. Hierhin gehören die sogenannten Stripperkrane, welche die Walzblöcke von und zu den Tieföfen befördern, ferner Gießkrane, Hebetische, Koksausdrückmaschinen usw.

Die obigen Angaben über die Leistungen, für welche die Motoren zu bemessen sind, sind in der nachfolgenden Tabelle übersichtlich zusammengestellt.

30-Minutenleistung:	Krane in Kraftwerken, Drehscheiben, Spills, Schiebebühnen, Fahrwerke von Verladebrücken und Portalkranen, die selten verfahren werden.
45-Minutenleistung:	Hafenkrane für Stückgüter, Werkstatt-, Gießerei- und Werftkrane.
60-Minutenleistung:	Hafenkrane für Massengüter, Hebezeuge mit Selbstgreifern, die meisten Hüttenkrane.
90-Minutenleistung:	Stripperkrane, Gießkrane, Hebetische, Koksausdrückmaschinen.

Die vorstehenden Angaben, die auf einer langjährigen Erfahrung beruhen, geben einen Anhalt für die Bemessung der Motoren. Es empfiehlt sich, bei dieser Bemessung äußerst sorgfältig vorzugehen und im allgemeinen lieber die Leistungsfähigkeit der Motoren etwas höher zu wählen, als in den Anlagekosten zu sparen. Ohnehin haben die Preisunterschiede zwischen den verschiedenen in Frage kommenden Motormodellen auf die Gesamtkosten des Hebezeuges nur geringen Einfluß. Jedenfalls ist in bezug auf die Wahl der Motoren besondere Vorsicht geboten, wenn die Motoren in sehr warmen Betriebsräumen arbeiten müssen oder der Zutritt kühlender Luft erschwert ist. Daß es in Einzelfällen vorkommen kann, daß ein Hebezeug gleich-

zeitig stark und schwach beanspruchte Motoren in sich vereint, daß also
für jeden einzelnen Motor eines Hebezeuges die Auswahl gesondert getroffen werden muß, braucht nicht hervorgehoben zu werden.

Beachtung verdient noch die Tatsache, daß Drehstrommotoren infolge der
Phasenverschiebung zwischen Strom und Spannung einen wattlosen Strom aufnehmen, der besonders bei geringer Belastung und beim Leerlauf ins Gewicht fällt. Der Drehstrommotor kühlt sich also in den Zeiten geringer
Belastung oder beim Leerlauf weniger ab als der Gleichstrommotor, so daß er
vielfach nicht so hoch beansprucht werden kann wie der Gleichstrommotor. Es ist
daher bei Drehstrom noch mehr als bei Gleichstrom erforderlich, die Motoren
reichlich zu bemessen. Dies ist um so mehr zu empfehlen, als ein Drehstrommotor sich nur bis zu einer bestimmten Grenze, die etwa das 2- bis $2^1/_2$fache
des normalen Momentes beträgt, überlasten läßt. Weiter ist in Drehstromanlagen bei der Wahl des Motors auf ein etwaiges Schwanken der Netzspannung
Rücksicht zu nehmen. Man ist vielfach geneigt, bei Anlagen mit schwankender
Spannung den Motor für die niedrigste vorkommende Spannung zu bemessen,
um auf alle Fälle das nötige Anzugsmoment zu haben. Der Motor wird sich
dann aber bei längerem Andauern der Höchstspannung übermäßig erwärmen.
In solchen Fällen bleibt nur der Ausweg, den Motor für eine mittlere Spannung
zu bestimmen und das Modell so reichlich zu wählen, daß das erforderliche
Anzugsmoment auf alle Fälle vorhanden ist.

Zur einheitlichen Bewertung der Motoren für intermittierenden Betrieb
hinsichtlich des Preises, des Gewichtes usw. hat der Verband deutscher Elektrotechniker, dessen Vorschriften sämtliche Hebezeugmotoren der Siemens-
Schuckertwerke entsprechen, in § 4 seiner „Normalien für Bewertung und
Prüfung von elektrischen Maschinen und Transformatoren" die oben erwähnte
Stundenleistung vorgeschrieben. Von der Festsetzung der 30-, 45- und
90-Minutenleistung hat der Verband bisher Abstand genommen.

Drehzahl der Motoren. Die Drehzahl der Motoren muß entsprechend den
besonderen Betriebsbedingungen eines Hebezeuges gewählt werden. Es wird
oft noch nicht genügend beachtet, daß von der gesamten, in einem bewegten
Triebwerk liegenden Energie oft der größte Teil auf die rotierende Masse des
Motors entfällt. Das schnelle Anfahren und das genaue Anhalten wird also
um so mehr erschwert, je höher die kinetische Energie dieser umlaufenden Masse
ist. Die Siemens-Schuckertwerke halten aus diesem Grunde die Schwungmassen
des Rotors so gering wie möglich. Jedoch läßt sich allein auf diesem Wege
bei Motoren, die schnell und oft umgesteuert werden müssen, noch nicht die
genügende Steuerfähigkeit erzielen. Vielmehr wird es erforderlich, gleichzeitig
die Drehzahl gering zu halten. Allerdings haben Motoren mit geringer Drehzahl eine größere rotierende Masse als schnellaufende Motoren. Da aber die
lebendige Energie nur in der ersten Potenz von der Masse des Rotors, dagegen

in der zweiten Potenz von der Geschwindigkeit abhängt, so ist sie bei langsam-
laufenden Motoren kleiner als bei schnellaufenden.

Bei der Wahl der Drehzahl ist ferner in Rücksicht zu ziehen, inwieweit
eine Erhöhung der Geschwindigkeit bei Entlastung des Motors zu erwarten
ist. Der Wunsch nach geringen Anlagekosten treibt auf der einen Seite
zur Wahl hoher Drehzahlen. Die Sicherheit des Betriebes aber erfordert
auf der andern Seite vielfach geringe Drehzahlen. In jedem Einzelfall muß
also ein Ausgleich zwischen diesen beiden einander widersprechenden
Forderungen geschaffen werden.

Bei den Fahr- und Drehwerken ist diese Frage von geringerer Bedeutung. Die Entlastung geht bei den Fahrwerken in der Regel nicht so
weit, daß ein Durchgehen des Motors zu befürchten wäre, so daß überall dort,
wo es nicht auf sehr schnelles Anfahren und genaues Anhalten ankommt und
die Fahrgeschwindigkeiten nicht besonders groß sind, Motoren mit hoher
Drehzahl (bis 1500 Umdr./min) zulässig sind. Dies gilt z. B. für Katzfahrwerke
von Kranen mit geringen Fahrgeschwindigkeiten, für Fahrwerke selten ver-
fahrener Verladebrücken und Portalkrane, für Laufkatzen und Fahrwerke
der Werkstatt- und Montagekrane, für Triebwerke von Drehscheiben usw.
Jedoch ist überall da, wo das Fahr- oder Drehwerk schnell und häufig umgesteuert werden muss und ein geringes Überfahren des Zieles schon Nachteile mit
sich bringt, die Wahl langsamlaufender Motoren (etwa 500 bis 750 Umdr./min) zu
empfehlen. Dies gilt beispielsweise für Stripperkrane, schnellfahrende Laufkatzen mit angebautem Führerstand, schnellfahrende Schiebebühnen usw.

Beim Hubwerk ist bei der Wahl der Drehzahl des Motors sowohl die
Rücksicht auf ein etwaiges Durchgehen, als auch auf die geforderte Steuerfähigkeit maßgebend.

Bei Verwendung eines selbstsperrenden Getriebes oder einer Lastdruckbremse ist ein Durchgehen des Motors an und für sich ausgeschlossen und ein
Motor mit hoher Drehzahl (bis zu 1500 Umdr./min) zulässig. Ist jedoch das
Getriebe nicht selbstsperrend, oder sind keine Lastdruckbremsen vorhanden, so
wird, abgesehen von besonderen, in Abschnitt 22 angegebenen Sicherheitsmaß-
nahmen in der Regel ein Motor von geringer Drehzahl gewählt werden müssen.
Dies trifft besonders dann zu, wenn das Getriebe einen hohen Wirkungsgrad
besitzt, so daß schon kleine Lasten den Motor zu sehr beschleunigen, oder wenn
der Motor, um den leeren Haken oder kleine Lasten zu senken, im Senksinne auf
Arbeitsleistung geschaltet wird. Eine zu große Beschleunigung des Motors gefährdet in diesen Fällen den Motor in mechanischer Hinsicht. Besonders vorsichtig muß die Drehzahl gewählt werden, wenn das Senken der Lasten, wie
z. B. beim Härten von großen Geschützrohren, betriebsmäßig mit einem Viel-
fachen der Hubgeschwindigkeit erfolgt. Für derartige außergewöhnliche Fälle
kommen wesentlich Gleichstrommotoren in Frage. Um den Hebezeugkonstrukteur

in die Lage zu setzen, alle an ihn herantretenden Aufgaben zu lösen, können
diese Motoren von vornherein so gebaut werden, daß beim Senken ein Mehr-
faches der normalen Drehzahl erreicht werden kann.

Vielfach wird, wie bei Fahrwerken, auch bei den Hubwerken die Wahl
langsamlaufender Motoren durch die Forderung einer großen Steuerfähigkeit
bedingt. Wo es sich daher um schnell arbeitende Hubwerke handelt, die oft
stillgesetzt und wieder in Gang gebracht werden, sowie um solche Fälle, in
denen besonders genau angehalten werden muß, wird man langsamlaufende
Motoren wegen ihrer geringeren kinetischen Energie vorziehen.

Einen Anhalt dafür, welche Drehzahlen bei den verschiedenen Motorleistungen sich im Laufe der Jahre als praktisch erwiesen haben, geben die
Figuren 2 und 3. Die angegebenen Werte sind Durchschnittswerte der
üblichen Ausführungen.

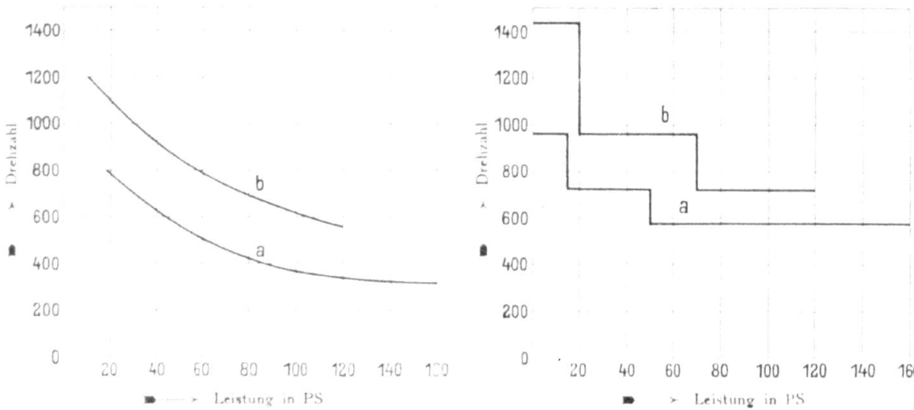

Fig. 2. Übliche Drehzahlen von Gleich-
strom- und Einphasenstrom-Kranmotoren
a) langsamlaufende Motoren
b) schnellaufende Motoren.

Fig. 3. Übliche Drehzahlen von Drehstrom - Kranmotoren
a) langsamlaufende Motoren
b) schnellaufende Motoren.

Offene oder geschlossene Bauart. Die Hebezeugmotoren kommen sehr
oft im Freien zur Aufstellung, oder auch in Betriebsräumen, wo mit Staub,
Schmutz, Spritzwasser usw. gerechnet werden muß, wie in Gießereien, Hütten-
werken, Zementfabriken, chemischen Fabriken usw. In allen diesen Fällen ist
es nötig, den Motor mit einem vollständig geschlossenen Gehäuse zu versehen, das alle elektrischen Teile gegen Staub und Feuchtigkeit schützt. Diese
Kapselung des Motors bedingt eine unvermeidliche Steigerung der Anlagekosten,
da sie die Luftkühlung verhindert und den Motor auf die Kühlung durch Ausstrahlung
beschränkt, wodurch eine Vergrößerung seiner sämtlichen Abmessungen bedingt
wird. Es wäre vollständig verkehrt, wenn man diesen Nachteil dadurch umgehen

wollte, daß man den Motor selbst offen wählt, ihn aber durch eine Umkleidung aus Blech oder Holz vor dem Eindringen von Staub und Feuchtigkeit schützt. Man verhindert bei einer solchen Anordnung sowohl die Luftkühlung als auch die Ausstrahlungskühlung.

Zum Schutz gegen Säuredämpfe reicht die Kapselung des Motors nicht aus. Um dem schädlichen Einfluß dieser Dämpfe zu begegnen, müssen die Isolationsteile besonders imprägniert und metallische Teile des Motors, soweit es sich nicht um Kontaktflächen handelt, mit säurefestem Lack bestrichen werden. Die Kontaktflächen, die sich der Natur der Sache nach nicht schützen lassen, unterliegen einem etwas schnelleren Verschleiß, wie denn überhaupt eine absolute Beständigkeit gegenüber dem Einfluß der Säuredämpfe kaum erreicht werden kann.

Offene Motoren können unbedenklich in Räumen verwendet werden, die gegen Feuchtigkeit und Schmutz geschützt sind. Das ist der Fall bei fast allen Kranen in Kraftwerken, sauberen Werkstätten, Lagerräumen und solchen im Freien stehenden Kranen, die ausreichend große und gut geschlossene Führerhäuser besitzen. Die von den Siemens-Schuckertwerken geführte Statistik lehrt, daß von allen Kranmotoren etwa ein Fünftel in offener Ausführung verwendet wird. Deshalb haben sich die Siemens-Schuckertwerke neben der Konstruktion von geschlossenen Motoren auch die Durchbildung besonderer offener Hebezeugmotoren angelegen sein lassen.

Ein- oder Zweiteiligkeit der Motoren. Von der steten Betriebsbereitschaft der Hebezeuge hängen oft hohe Werte ab. Wenn beispielsweise ein Stripperkran versagt, so kann das Walzwerk vollständig in seinem Betrieb gehindert sein und damit auch schädlich auf den Betrieb der Hochöfen zurückwirken. Ebenso können z.B. durch Verzögerung des Lösch- und Ladegeschäftes eines Schiffes derartige Nachteile entstehen, daß dagegen die ganzen Kosten des Hebezeuges zurücktreten. Deshalb muß das Bestreben dahin gehen, die Wartung und Instandhaltung der Hebezeugmotoren so zu erleichtern, daß jede Störung, die wie bei allen Maschinen so auch bei den ungewöhnlich stark beanspruchten Hebezeugmotoren nie ganz zu vermeiden sein wird, in möglichst kurzer Zeit beseitigt werden kann. Als wichtigste Maßnahme in diesem Sinne hat sich bei den geschlossenen Motoren die vollständige Teilung des Motorgehäuses erwiesen, die es ermöglicht, den oberen Gehäuseteil nach Lösung weniger Schrauben abzuheben. Auf diese Weise wird das Innere des Motors vollständig zugänglich gemacht, ohne daß es erforderlich ist, den unteren Teil zu entfernen. Der Motor braucht also nach Reparaturen nicht von neuem montiert und ausgerichtet zu werden. Diese Zweiteiligkeit des Motorgehäuses ist bei den geschlossenen Kranmotoren der Siemens-Schuckertwerke für sämtliche Stromarten seit längerer Zeit nach einheitlichen Gesichtspunkten durchgeführt worden und hat nicht wenig zu der weiten

Verbreitung dieser Motoren beigetragen. Sie sollte bei Hebezeugen, bei denen eine Betriebsstörung wirtschaftliche Nachteile mit sich bringt, stets angewendet werden. Von der Zweiteiligkeit der Motoren ist nur bei solchen kleineren Motoren abgesehen, die infolge ihres geringen Gewichtes leicht als Ganzes transportiert werden können.

Beschränkung auf wenige normale Ausführungen. Wenn irgend möglich, sollten als Kranmotoren nur normale Ausführungen der elektrotechnischen Fabriken zur Verwendung kommen. Abgesehen davon, daß die Motoren und ihre Reserveteile billiger zu stehen kommen, wenn sie als Massenfabrikat ausgeführt werden, als wenn sie für jeden Einzelfall besonders hergestellt werden müssen, ergibt sich noch der wichtige Vorteil, daß das Ersatzmaterial jederzeit sofort erhältlich ist. Es braucht nicht hervorgehoben zu werden, daß hierin eine große Sicherheit gegen Betriebsstörungen liegt. Um den die Hebezeuge bauenden Firmen die Verwendung normaler Motoren zu erleichtern, liefern die Siemens-Schuckertwerke bei allen Stromarten jedes Motormodell bei äußerlich demselben Bau für verschiedene Spannungen, Leistungen und Drehzahlen.

Für den Bau und Betrieb der Hebezeuge würde es eine große Vereinfachung bedeuten, wenn Leistung und Drehzahl normalisiert würden. Vielleicht wird es sich sogar empfehlen, die Außenmaße der Motoren nach bestimmten Gesichtspunkten festzulegen. Es wäre sehr zu wünschen, wenn in dieser Hinsicht gewisse einheitliche Grundsätze Platz griffen, wodurch in gleicher Weise dem Besitzer des Hebezeuges, der hebezeugbauenden Firma und den Fabriken, die den elektrischen Teil liefern, gedient wäre.

Ein weiterer wichtiger Gesichtspunkt ist die Beschränkung der Anzahl der normalen Motoren. Mit wie wenig Typen man bei der großen Anzahl von Verwendungsarten der Hebezeugmotoren schließlich auskommen kann, zeigt die folgende Tabelle, die dem Werke von Dipl.-Ing. C. Michenfelder, Kran- und Transportanlagen für Hütten-, Hafen-, Werft- und Werkstattbetriebe, Berlin 1912, entnommen ist:

Motorleistung PS	Verwendungsgebiet
5	Katzfahrwerk kleiner Krane, Drehwerke, Kippwerke von Chargiermaschinen, Stripperkranen usw.
12	Katzfahrwerk größerer Krane, Kranfahrwerk kleinerer Krane
25	Hubwerk kleiner Krane, Kranfahrwerk mittlerer Krane
45	Hubwerk mittlerer Krane, Kranfahrwerk größerer Krane
75 80	Hub- und Kranfahrwerk von Kranen größerer Tragkraft bezw. solchen mit sehr großen Arbeitsgeschwindigkeiten

6. Verhalten der Motoren im Betriebe

Anzugsmoment. Die bei jedem Kranbetrieb erforderliche Beschleunigung der Massen bedingt, daß die Motoren beim Anfahren einer starken Überlastung ausgesetzt sind. Dieser Überlastung müssen die Kranmotoren ohne weiteres gewachsen sein, d. h. sie müssen das erforderliche Beschleunigungsmoment hergeben können, und ihre Temperatur muß bei dem ständig wiederholten Anlassen in den zulässigen Grenzen bleiben.

Die Kranmotoren der Siemens-Schuckertwerke sind sämtlich so gebaut, daß sie diesen Bedingungen entsprechen. Die Anzugsmomente dieser Motoren sind im folgenden für die verschiedenen Stromarten angegeben:

Das Anzugsmoment des Gleichstrommotors in der Ausführung als Hauptstrommotor beträgt das Dreifache des Drehmoments bei Stundenleistung.

Drehstrommotoren ziehen mit dem 2,5- bis 2,8fachen des Stundenleistungs-Drehmomentes an. Dabei wird vorausgesetzt, daß der Spannungsabfall in der Zuleitung gering ist. Häufig wird der Einfluß dieses Spannungsabfalles nicht genügend berücksichtigt. Das Anzugsmoment eines Drehstrommotors sinkt im Gegensatz zu den Gleichstrommotoren, bei denen ein zu großer Widerstand der Zuleitung durch entsprechende Verringerung des Anlaßwiderstandes ausgeglichen werden kann, mit dem Quadrate der Spannung. Tritt also in der Zuleitung ein beträchtlicher Spannungsverlust auf, so kann es vorkommen, daß der Motor das vorgeschriebene Anzugsmoment nicht hergibt. Die Klagen, daß ein Drehstrommotor sich nicht in Gang setzen will, sind in der Regel nicht auf den Motor selbst, sondern auf einen zu großen Spannungsverlust in der Zuleitung zurückzuführen und werden durch entsprechende Verringerung des Zuleitungswiderstandes meist behoben.

Die Einphasenstrommotoren ziehen mit etwa dem 2,5fachen des Drehmomentes bei Stundenleistung an.

Alle Motoren reichen für die praktisch vorkommenden Anlaufbedingungen aus, sofern nicht in bezug auf das Beschleunigungsmoment und die Zeitdauer, in welcher der Motor den starken Anlaufstrom auszuhalten hat, ungewöhnliche Ansprüche gestellt werden.

Abhängigkeit der Drehzahl von der Belastung. Gleichstromkranmotoren werden als Reihenschlußmotoren gebaut. Nur ausnahmsweise für bestimmte Zwecke und bei Steuerung mit Gleichstrom-Steuermaschinen (Leonard-Schaltung, siehe Abschnitt 10) kommen Nebenschlußmotoren zur Anwendung. Fig. 4 zeigt den Zusammenhang zwischen der Drehzahl und dem Drehmoment bei einem Reihenschlußmotor, wenn von jeder willkürlichen Beeinflussung der Drehzahl durch den Steuerapparat abgesehen wird. (Eigenregelung.) Wie man sieht, steigt die Drehzahl bei abnehmendem Drehmoment erheblich an. Dieses Verhalten des

Hauptstrommotors ist in vielen Fällen, z. B. bei Hafen- und Verladekranen, sehr günstig, da sich durch das schnelle Heben des leeren oder schwach belasteten Hakens eine wesentliche Zeitersparnis ergibt.

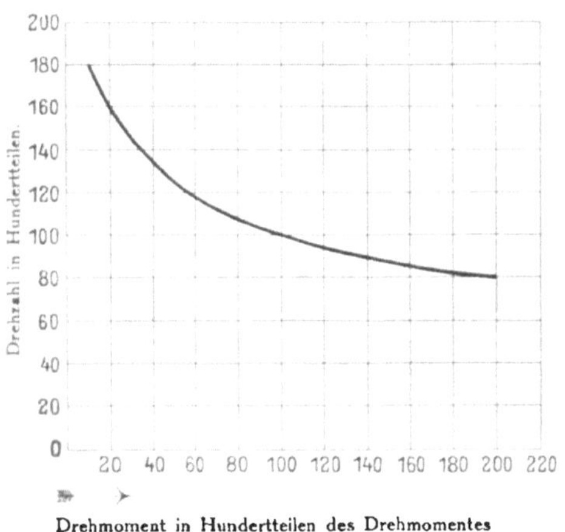

Fig. 4. Abhängigkeit der Drehzahl von der Belastung beim Gleichstrom-Kranmotor.

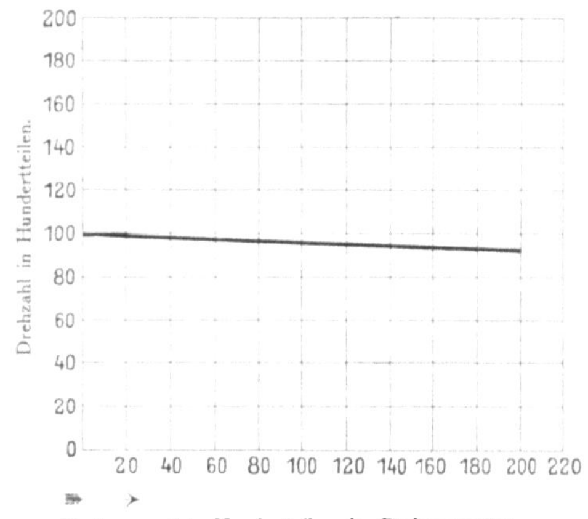

Fig. 5. Abhängigkeit der Drehzahl von der Belastung beim Drehstrom-Kranmotor.

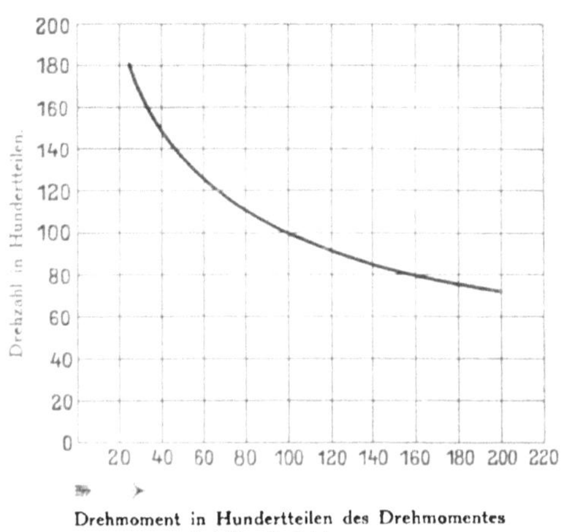

Fig. 6. Abhängigkeit der Drehzahl von der Belastung beim Einphasenstrom-Kranmotor.

Bei Drehstrommotoren tritt eine selbsttätige Änderung der Drehzahl in Abhängigkeit von der Last nur bei Schleifringmotoren auf, und zwar auch nur dann, wenn Anlaßwiderstand eingeschaltet ist. Schleifringmotoren ohne eingeschalteten Anlaßwiderstand und Motoren mit Kurzschlußanker ändern ihre Drehzahl bei Änderung der Last so gut wie gar nicht (Fig. 5). Infolge dieses Verhaltens ist der Drehstrommotor als Hebezeugmotor etwas ungünstiger als der Gleich-

strom-Reihenschlußmotor. Dieser Nachteil ist jedoch keineswegs von solcher
Bedeutung, daß deshalb etwa die Verwendung des Drehstrommotors als Hebezeugmotor in Frage gestellt würde. Überhaupt tritt die selbsttätige Änderung
der Drehzahl bei allen Hebezeugmotoren hinter der vom Kranführer erzwungenen
Fremdregelung, wie sie später beschrieben wird, zurück.

Der Einphasen-Kommutatormotor gleicht in bezug auf die Änderung
der Drehzahl in Abhängigkeit von der Last durchaus dem Gleichstrom-
Reihenschlußmotor (Fig. 6).

Wirkungsgrad. Zu der allgemeinen Einführung des elektrischen Antriebes
von Hebezeugen hat der hohe Wirkungsgrad des Elektromotors wesentlich mit
beigetragen. Die Figuren 7 bis 9 zeigen typische Wirkungsgradkurven von
Kranmotoren. Der Wirkungsgrad ist schon bei $30^0/_0$ der normalen Belastung
recht gut und bleibt von $50^0/_0$ der Normallast an in weiten Grenzen nahezu
gleich hoch.

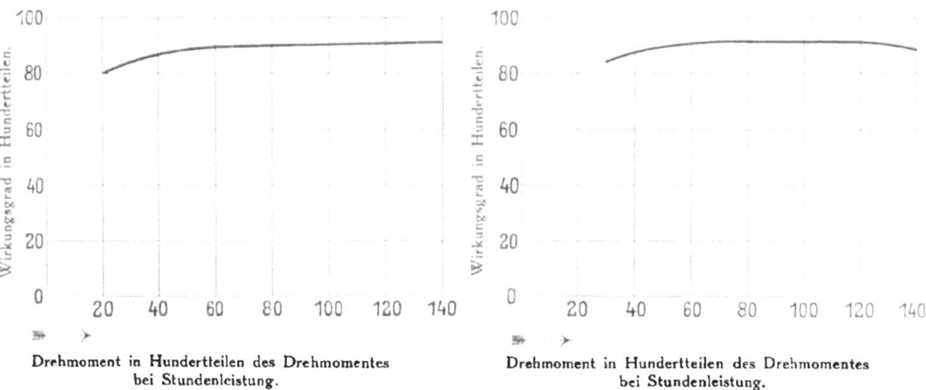

Drehmoment in Hundertteilen des Drehmomentes
bei Stundenleistung.

Fig. 7. Wirkungsgrad eines Gleichstrom-
Kranmotors von 100 PS, Drehzahl 685.

Drehmoment in Hundertteilen des Drehmomentes
bei Stundenleistung.

Fig. 8. Wirkungsgrad eines Drehstrom-
Kranmotors von 36 PS, Drehzahl 970.

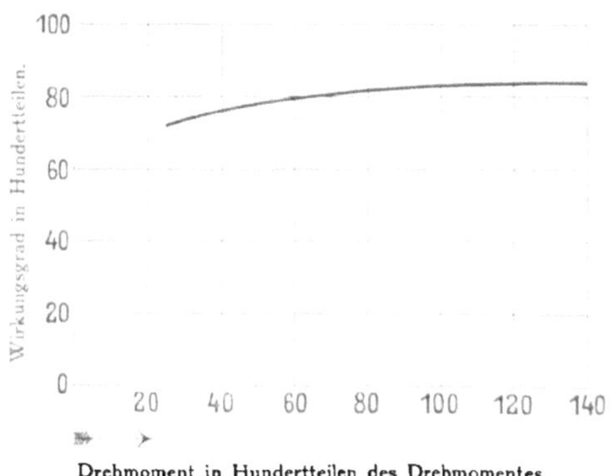

Drehmoment in Hundertteilen des Drehmomentes
bei Stundenleistung.

Fig. 9. Wirkungsgrad eines Einphasenstrom-Kranmotors von 36 PS, Drehzahl 900.

7. Ausführung der Motoren

Vom Kranmotor wird verlangt:

> **Unbedingte Betriebssicherheit,**
> **Geringe Abmessungen,**
> **Vermeidung vorstehender Teile,**
> **Guter Wirkungsgrad.**

Nach 25 jähriger Tätigkeit auf dem Gebiete des Hebezeugbetriebes ist es den Siemens-Schuckertwerken gelungen, diese sich zum Teil widersprechenden Forderungen für sämtliche Stromarten durch ihre nach einheitlichen Gesichtspunkten ausgebildeten Kranmotoren zu erfüllen.

Offener Gleichstrommotor Modell h G M. Die Motoren (Fig. 10) besitzen ein rundes, ungeteiltes Magnetgehäuse mit vier aus Blechen zusammengesetzten Polen. Die Lagerschilde sind mit Öffnungen versehen und seitlich angeschraubt. Die Lager sind einteilig gebaut und als Ringschmierlager ausgebildet. Anker

Fig. 10. Offener Gleichstrom-Kranmotor Modell h G M.   Fig. 11. Offener Flanschmotor für Gleichstrom Modell h F G M.

und Welle sind kräftig ausgeführt. Das Magnetgestell ruht auf Füßen, die in Richtung der Achse angegossen sind und wegen ihrer geringen Ausladung wenig Grundfläche erfordern. Kommutator und Bürsten sind leicht zugänglich. Die Motoren werden für Leistungen bis etwa 50 PS gebaut.*)

Wenn eine besonders gedrängte Ausführung des Hebezeuges erforderlich ist, wird der Motor ebenso wie die später beschriebenen kleineren Drehstrom- und Einphasenstrom-Motoren als Flanschmotor Modell h F G M (Fig. 11) für Leistungen bis 3,5 PS geliefert. Der Flansch wird bei allen Leistungen und Stromarten gleichmäßig bemessen, so daß für den Gegenflansch nur eine einzige Ausführung vorgesehen zu werden braucht.

Geschlossener Gleichstrommotor Modell h P G M (Kleinhebezeugmotor). Als geschlossener Gleichstrommotor wird bei Leistungen bis etwa 3 PS das

---

*) Die Leistungsangaben für alle auf S. 24 bis 31 beschriebenen Motoren gelten für Stundenleistung.

Modell h P G M (Fig. 12) verwendet, das einen für Hebezeuge geeigneten Kleinmotor darstellt. Bei diesem Modell ist der ganze Motor durch ein ungeteiltes Gehäuse abgeschlossen, das zum Zweck der Wartung des Kommutators und der Bürsten mit Verschlußklappen versehen ist. Der Motor wird auch als Flanschmotor (Modell h F P G M) geliefert.

Geschlossener Gleichstrommotor Modell G H. Die Figuren 13 bis 15 zeigen den mit allseitig geschlossenem, geteiltem Gehäuse versehenen Gleichstrommotor Modell G H, der für Leistungen von 3 bis 145 PS geliefert wird. Das Gehäuse besteht bei den größeren Motoren aus Stahlguß, bei den kleineren aus Gußeisen. Das Gehäuse ist wagerecht in der Mitte geteilt. Dadurch wird es möglich, zum Zwecke einer eingehenden Besichtigung oder Reparatur das Innere des Motors durch Abheben des Gehäuse - Oberteils freizulegen (s. Fig. 14). Nötigenfalls kann man dann den Anker nach oben herausheben, ohne das Ritzel oder einen anderen Teil des Triebwerks abnehmen zu müssen. Reserveanker oder neue Magnetspulen lassen sich also in kürzester Zeit einsetzen.

Fig. 13. Geschlossener Gleichstrom-Kranmotor Modell G H.

Wie bereits auf S. 19 ausgeführt wurde, braucht der Motor nach Reparaturen nicht von neuem ausgerichtet zu werden.

Die elektrische Verbindung der beiden Gehäusehälften geschieht durch Kupferlaschen, die außen am Gehäuse angeordnet sind und mit den dafür vorgesehenen Klemmen der beiden Gehäusehälften verschraubt werden. Diese Klemmen liegen innerhalb eines Überführungskastens, der durch eine aufgeschraubte Eisenplatte abgedeckt wird, um eine Berührung der Klemmen zu verhindern.

Für die betriebsmäßige Besichtigung des Ankers und des Kommutators sind an der Kommutatorseite des Gehäuses Türen angebracht, die durch handliche Bügel fest verschlossen werden.

Fig. 14. Gleichstrom-Kranmotor Modell GH, obere Gehäusehälfte abgenommen.

Die Welle besteht aus Siemens-Martinstahl. Die Motoren besitzen Bronzelager, die mit Ringschmierung versehen und bei den größeren Modellen zwei-
teilig ausgeführt sind. Die Lagerschalen der kleineren Motoren sind einteilig und
werden beim Auseinandernehmen des Motors mit der Welle herausgehoben.
Der Ölstand läßt sich mit Hilfe von angeschraubten Ölstandsrohren beobachten.

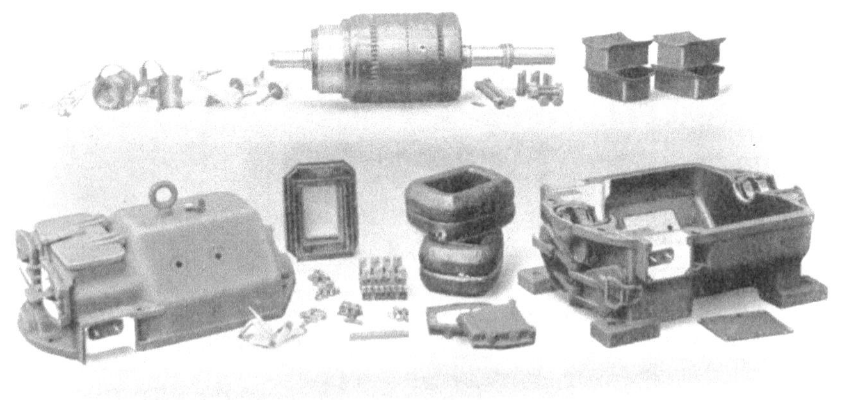

Fig. 15. Gleichstrom-Kranmotor Modell GH, in seine Einzelteile zerlegt.

Die Klemmenkästen für die Zuleitungskabel sind vollständig abgedeckt
und so eingerichtet, daß das vollständige, bewehrte Kabel seitlich durch eine
passende Öffnung des Kastens eingeführt und erst innerhalb des Kastens in
seine Einzelleitungen aufgelöst wird (vgl. die Vorschläge des Oberschlesischen
Überwachungsvereins, Kattowitz, März 1912). Die Klemmenkästen können mit
Isoliermasse ausgegossen werden, was z. B. in feuchten Betrieben, wie bei
Hafenkranen oder auf Schiffen, von Vorteil ist.

Der Anker ist kräftig ausgebildet. Auf gute Isolierung der Ankerwicklung und des Kommutators wird besondere Sorgfalt verwendet. Im Bedarfsfalle werden die Motoren mit Wendepolen versehen.

Offene Drehstrommotoren Modell hMD und hR. Als offener Drehstrommotor wird für kleinere Leistungen bis 7,5 PS die Type hMD (Fig. 16),

Fig. 16. Offener Drehstrom-Kranmotor
Modell hMD, mit Schleifringrotor.

Fig. 17. Offener Drehstrom-Kranmotor
Modell hR, mit Schleifringrotor.

bei größeren Leistungen bis 60 PS die Type hR (Fig. 17) verwendet. Beide haben ein rundes Gehäuse, an dem seitlich die Lagerschilde angeschraubt sind. Die Lager sind einteilig und haben Ringschmierung. In der Regel werden die Motoren mit Schleifringrotor geliefert. Schleifringe und Bürsten liegen bei der Type hMD außerhalb, bei der Type hR innerhalb der Lager. Wenn keine Regelung der Drehzahl erforderlich ist und ein geringes Anlaufmoment genügt, können bei kleinen Leistungen auch Motoren mit Kurzschlußanker verwendet werden.

Wo der Platz für die Aufstellung des Motors knapp ist, kommen für kleine Leistungen bis 4 PS auch Flanschmotoren (Modell hFMD) in Frage.

Geschlossener Drehstrommotor Modell hPMD (Kleinhebezeugmotor). Der geschlossene Drehstrommotor Modell hPMD besitzt, wie der entsprechende Gleichstrommotor Modell hPGM, geschlossene Lagerschilde (Fig. 18).

Fig. 18. Geschlossener Drehstrom-Kranmotor
Modell hPMD.

Der Motor wird für Leistungen bis 4 PS geliefert. Für Verwendung bei Hebezeugen mit gedrängter Bauart wird der Motor für Leistungen bis 3 PS als Flanschmotor (Modell hFPMD) ausgeführt.

Geschlossener Drehstrommotor Modell DH. In dem Motormodell DH (Fig. 19) wurde auch bei den Drehstrommotoren eine vollständige und leichte Zugänglichkeit, wie sie in Gleichstromanlagen seit langem aus Gründen der Betriebssicherheit gefordert wird, erreicht. Die Motoren werden für Leistungen von 5 bis 134 PS gebaut. Das allseitig geschlossene Gehäuse ist, wie beim Gleichstrommotor GH, in der Mitte geteilt. Der aus Blechen zusammengesetzte Eisenkern des Stators ist jedoch nicht mit dem Gehäuse geteilt, sondern als ein einziger, ringförmiger Körper ausgebildet. Er ist daher auch nicht fest mit dem Gehäuse verbunden,

Fig. 19. Geschlossener Drehstrom-Kranmotor Modell DH.

sondern er ruht, durch Nut und Feder sorgfältig gegen Verdrehung gesichert, auf der unteren Gehäusehälfte. Der Eisenkern wird beim Zusammensetzen des Motors über den Rotor geschoben und gleichzeitig mit diesem in das Gehäuse

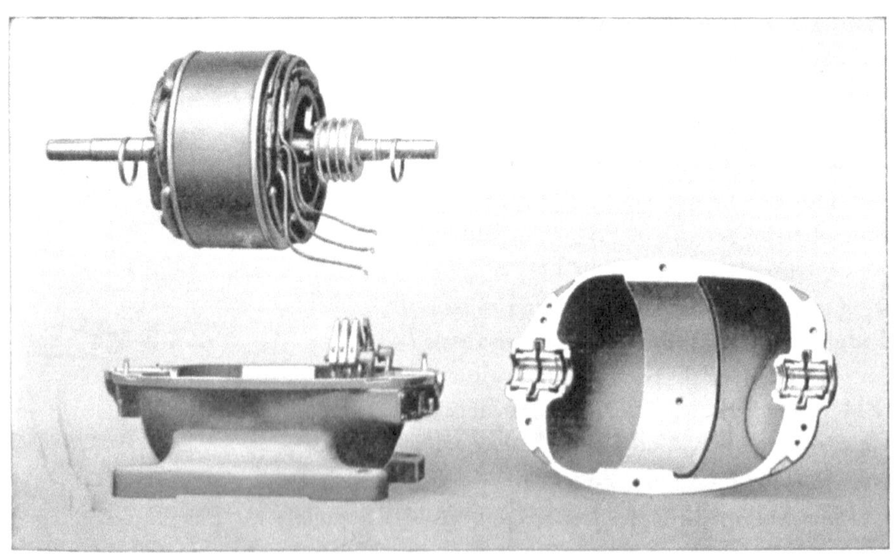

Fig. 20. Drehstrom-Kranmotor Modell DH, Rotor und Statorring herausgehoben.

eingesetzt. Er liegt, wenn das Oberteil des Gehäuses aufgesetzt ist, mit seiner ganzen Mantelfläche an der Innenseite der Gehäusewand an, so daß die in ihm entwickelte Wärme wirksam abgeführt wird.

Anker und Welle sind kräftig ausgebildet. Die Lager haben zweiteilige Bronzeschalen mit Ringschmierung. Der Ölstand läßt sich mit Hilfe von angeschraubten Ölstandsrohren beobachten.

Die Schleifringe mit den Bürsten liegen geschützt im Innern des Gehäuses. Sie sind durch Öffnungen im Gehäuse, deren Deckel sich abnehmen lassen, zugänglich.

Fig. 21. Drehstrom-Kranmotor Modell DH, in seine Einzelteile zerlegt.

Eingehende Besichtigungen oder Reparaturen können nach Abheben des oberen Teiles des Gehäuses vorgenommen werden. Da der ganze Rotor samt dem Blechpaket und der Wicklung des Stators sich nach oben herausheben läßt (Fig. 20), so lassen sich alle Teile, wie beim Gleichstrommotor GH, leicht und schnell auswechseln, ohne daß man das Ritzel abzuziehen oder den Motor von seinem Fundament zu entfernen braucht.

Die Anschlußklemmen für Stator und Rotor sind an der unteren Gehäusehälfte angebracht und durch kräftige Kappen abgedeckt. Die Kappen für die Zuleitung zum Stator werden ebenso wie bei den GH-Motoren so eingerichtet, daß das vollständige, bewehrte Kabel seitlich durch eine passende Öffnung des Kastens eingeführt und erst innerhalb des Kastens in seine Einzelleitungen aufgelöst wird. Wie beim GH-Motor kann der Klemmenkasten in feuchten Betrieben mit Isoliermasse ausgegossen werden.

Geschlossene Einphasenstrommotoren Modell EH. (Déri-Motor.) Die Teilung des Gehäuses, die bei den geschlossenen Kranmotoren für Gleichstrom und Drehstrom mit so großem Erfolg angewendet wird, ist in derselben Weise auch bei den geschlossenen Einphasenstrom-Kranmotoren durchgeführt. Dadurch ist für

Fig. 22. Einphasenstrom-Kranmotor Modell EH.

alle drei Stromarten eine volle Einheitlichkeit im Aufbau der Motoren hergestellt, und die beim Gleichstrommotor GH gewonnenen guten Erfahrungen sind aufs günstigste auch für die anderen Stromsysteme ausgenutzt. Die Motoren werden für Leistungen von 4 bis 36 PS gebaut. Fig. 22 zeigt den Einphasenstrommotor in Ansicht, während die Figuren 23 und 24 den Motor nach Abheben der oberen Gehäusehälfte und Zerlegung in seine Einzelteile darstellen.

Wie beim DH-Motor ist nur das äußere Gehäuse geteilt, während der aus Blechen zusammengesetzte, ringförmige Statorkern ungeteilt geblieben ist.

Fig. 23. Einphasenstrom-Kranmotor Modell EH,
obere Gehäusehälfte abgenommen.

Das Zusammensetzen und Auseinandernehmen des Motors erfolgt ähnlich wie beim DH-Motor.

Der umlaufende Teil des Motors enthält einen Kommutator, auf dem Kohlebürsten schleifen. Für die Wartung des Kommutators und der Bürsten ist das Gehäuse mit·Öffnungen versehen, deren Türen mit Bügeln verschlossen werden.

Die Lager sind als zweiteilige Bronzelager ausgeführt und mit Ringschmierung versehen. Der Ölstand läßt sich mit Hilfe von aufgeschraubten Ölstandsrohren prüfen.

Fig. 24. Einphasenstrom-Kranmotor, in seine Einzelteile zerlegt.

Die Motoren sind als Repulsionsmotoren gebaut. Bei diesen Motoren bilden Stator und Rotor je zwei voneinander getrennte Stromkreise. Der Rotorstrom wird also nicht vom Netz aus zugeführt, sondern von der Statorwicklung aus induziert. Dies bietet den Vorteil, daß der Motor, ohne daß ein Transformator zur Herabsetzung der Spannung erforderlich ist, unmittelbar an die üblichen Netzspannungen angeschlossen werden kann. Der Rotor ist über Bürsten kurz geschlossen. Dabei kommt ein doppelter Bürstensatz zur Verwendung (Déri-Motor), wodurch sich eine besonders feinstufige Regelung ergibt (vgl. den Schluß des Abschnitts 8).

In besonderen Fällen können auch Einphasenstrom-Reihenschlußmotoren, Modell EHJ geliefert werden, die einen besonders guten Leistungsfaktor und hohen Wirkungsgrad besitzen. Bei ihnen liegt der Rotor in Reihe mit dem Stator. Die Motoren werden für dieselben Leistungen geliefert wie die EH-Motoren und stimmen mit diesen in der äußeren Bauart überein.

Geschlossene Einphasenstrom-Flanschmotoren. Die geschlossenen Einphasenstrom-Flanschmotoren, Modell hFPRO, sind ebenfalls als Repulsionsmotoren, jedoch mit einfachem Bürstensatz, gebaut. Sie werden für Leistungen bis 3 PS geliefert.

III.
STEUERVERFAHREN

er Führer des Hebezeuges muß durch seine Steuervorrichtungen drei Arbeitsvorgänge erzwingen können, nämlich Vorwärtslauf, Rückwärtslauf und Bremsen.

Diese Vorgänge müssen nach Bedarf langsam oder schnell ausgeführt werden. Je nach der Belastung und den Eigenschaften des Motors sind nun, um die gewollte Bewegung zu erreichen, verschiedene Steuerverfahren erforderlich, die in zwei Gruppen zerfallen. Die erste Gruppe umfaßt die Schaltungen für Fahrwerke, bei denen dieselben Bewegungen in beiden Richtungen gefordert werden, und deren Steuerungen nach beiden Richtungen symmetrisch sind. Die für die Fahrwerke bestimmten Schaltungen gelten gleichzeitig auch für die Drehwerke. Die zweite Gruppe bezieht sich auf Hubwerke, bei denen das Hinzutreten der Senkbremsung eine Unsymmetrie bedingt. Die Schaltungen sind im folgenden durch Abbildungen, in denen der Schaltweg des Steuerapparates als Abszisse und das Motor-Drehmoment als Ordinate aufgetragen ist, anschaulich gemacht. Das in der Bewegungsrichtung ausgeübte Moment des Motors ist beim Heben nach oben, beim Senken nach unten und das Bremsmoment in beiden Fällen entgegengesetzt aufgetragen.

8. Schaltungen für Fahrwerke

A. Gleichstromschaltungen für Fahrwerke

Einfache Umkehrung (Schaltung *a*). Diese Steuerung (Fig. 25) kommt hauptsächlich für Katz- und Kranfahrwerke in Frage. Wenn die bewegte Masse nicht zu groß ist und die Fahrgeschwindigkeit etwa 0,4 m/sk nicht übersteigt, so läßt sich im allgemeinen ein genügend genaues Halten ohne Bremsen erzielen. Andernfalls werden Haltebremsen

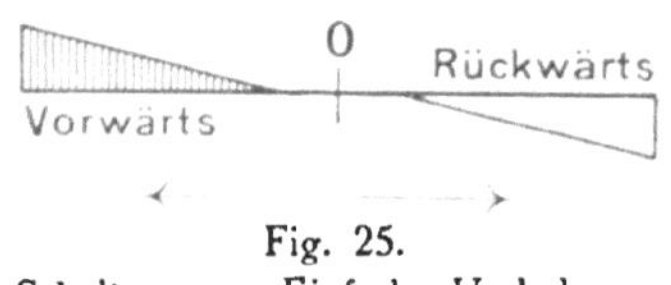

Fig. 25.
Schaltung *a*. Einfache Umkehrung.

vorgesehen, die meist durch Elektromagneten betätigt werden. Ein Bremsen mit Gegenstrom sollte vermieden werden.

Umkehrung mit Nachlaufbremsung (Schaltung *c*). Die Schaltung *c* (Fig. 26) stellt eine Erweiterung der Schaltung *a* dar, indem sogenannte Nachlauf - Bremsstellungen eingefügt

Fig. 26. Schaltung *c*.
Umkehrung mit Nachlaufbremsung.

werden. Der laufende Motor wird dabei vom Netz getrennt und über Widerstände geschlossen, so daß er als Generator arbeitet. Die Energie der bewegten Massen wird auf diese Weise in elektrische Energie umgesetzt.

Fig. 27. Zeigerblatt für Schaltung c.

Für die beiden Bewegungsrichtungen sind bei der Schaltung c keine gesonderten Bremsstellungen vorgesehen. Vielmehr liegen nach Fig. 27 in der Mitte zwischen den Kraftstellungen für Vorwärtslauf und Rückwärtslauf drei gemeinsame Bremsstellungen, die zum Bremsen aus beiden Bewegungsrichtungen benutzt werden können. Die dafür nach Fig. 28 erforderliche Umschaltung des Ankers und der Magnetwicklung geschieht selbsttätig beim Einschalten für die betreffende Fahrtrichtung. Bei dieser Anordnung ergibt sich der Vorteil, daß der Führer ganz mechanisch auf die gemeinsamen Bremsstellungen schalten kann und nicht zwischen der Bremse für Vorwärts- und Rückwärtslauf zu unterscheiden braucht. Die Bremswirkung kann bei Bedarf verstärkt oder abgeschwächt werden, indem der vor den Anker geschaltete Widerstand durch Versetzen des entsprechenden Kontaktes auf der Schaltwalze geändert wird.

Die mittelste Bremsstellung, bei welcher die Bremsung am kräftigsten ist, ist gleichzeitig Ruhestellung für den Steuerapparat. Beim Zurückgehen in diese Ruhestellung wird ein Aufreißen des Bremsstromes und eine damit verbundene starke Abnutzung der Kontakte vermieden. Der Bremsstrom wird selbst dann nicht unterbrochen, wenn die Mittelstellung um einen Kontakt überschritten wird, wie dies z. B. beim Antrieb der Steuerapparate durch Zugseile oder bei Apparaten mit Hebel- und Universalsteuerung eintreten kann.

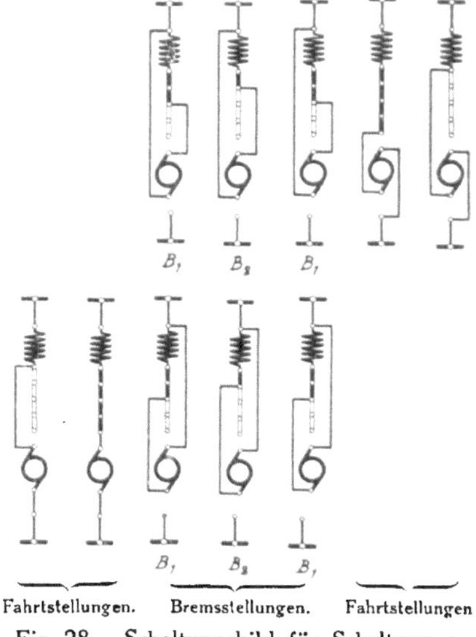

Fig. 28. Schaltungsbild für Schaltung c.

Da die Wirkung der elektrischen Bremsung mit sinkender Geschwindigkeit sehr stark abnimmt, so ist bei allen Fahr- und Drehwerken, die genau halten sollen, neben der elektrischen Nachlaufbremsung eine am Ende der Bewegung einfallende Haltebremse erforderlich. Diese ist auch notwendig, wenn das Fahrzeug gegen Winddruck gesichert werden soll. Die Haltebremse wird meist durch Fußtritt betätigt, wobei vorausgesetzt wird, daß das Triebwerk gegenüber dem Führerstand unveränderlich ist. In Ausnahmefällen kann auch eine elektromagnetische Bremse vorgesehen werden, die dann nicht in den Nullstellungen der Fig. 27, sondern erst in der mittleren Bremsstellung B_2 zum Einfallen kommt.

Die Schaltung c eignet sich im allgemeinen für mittlere Geschwindigkeiten bis etwa 1 m/sk. Bei größeren Geschwindigkeiten reicht eine rein elektrische Nachlaufbremse nicht mehr aus, so daß gleichzeitig eine mechanische Nachlaufbremse (z. B. Fußtrittbremse) zu Hilfe zu nehmen ist, die im Unterschied von der Haltebremse schon von Anfang an einen Teil der Verzögerung übernimmt. Man wird in diesem Falle gut tun, den größeren Teil der Bremsarbeit dieser mechanisch betätigten Bremse zu überlassen. Dies ist auch meist ohne Schwierigkeit möglich, da große Geschwindigkeiten in der Regel bei Kranfahrwerken auftreten, bei denen eine mechanische Verbindung zwischen Führerkorb und Bremse im Allgemeinen keine Schwierigkeiten bietet.

Sonderschaltung für Verladebrücken. Bei Verladebrücken mit großen Spannweiten von beispielsweise 75 m und darüber gehen viele Hebezeugfabriken den Weg, daß sie die Triebwerke der beiden Stützen, ohne Zwischenschaltung einer starren Verbindungswelle, getrennt durch je einen Elektromotor antreiben. Der elektrische Antrieb muß dann so eingerichtet sein, daß beide Stützen sich gleichmäßig vorwärts bewegen, auch wenn die Last ungleichmäßig auf beide Stützen verteilt ist. Die Siemens - Schuckertwerke wählen bei derartigen Antrieben die Schaltung so, daß die Antriebsmotoren der beiden Stützen auch bei Verwendung von Hauptstrommotoren praktisch dieselbe Drehzahl haben.

Nun ist allerdings selbst bei genau gleicher Drehzahl der Motoren eine gleichmäßige Stellung beider Brückenstützen noch nicht gesichert, da es vorkommen kann, daß die mechanischen Bremsen der beiden Triebwerke ungleich wirken oder die Reibung auf den Schienen, wie z. B. bei Glatteis, verschieden ist. Um für diesen Fall die nacheilende Stütze wieder in Parallelstellung zu der voreilenden zu bringen, wird zweckmäßig ein Regler für die Feldwicklung des Motors vorgesehen, der in Tätigkeit tritt, wenn der Unterschied in der Stellung der Brücken einen bestimmten Betrag überschreitet. Die Schaltung ist dabei derartig, daß der Feldwicklung des nacheilenden Motors Widerstand parallel geschaltet und dadurch die Drehzahl des Motors erhöht wird. Gleiche Drehzahlen erhalten die Motoren erst dann wieder, wenn sich die Stützen in Parallelstellung befinden, wenn also der Feldregler wieder außer Tätigkeit tritt. Dieser Feldregler wird mit freiem Wellenende gebaut, so daß er mit dem mechanischen Teil der Brücke in Verbindung gebracht werden kann.

Außerdem kann der Führer durch Betätigung einer Nebenwalze die Brückenstützen in Parallelstellung bringen, sobald er merkt, daß eine der beiden Stützen zurückgeblieben ist. Zu diesem Zweck setzt er zunächst die ganze Brücke durch Ausschalten der Hauptwalze still. Je nach der Stellung, die er jetzt der Nebenwalze gibt, betätigt die Hauptwalze entweder den einen oder den anderen Motor. In der Mittelstellung der Nebenwalze werden die beiden Motoren gemeinsam gesteuert. Die Nebenwalze wird so mit der Hauptwalze verriegelt, daß sie nur in der Ausschaltstellung der Hauptwalze betätigt werden kann.

Aus Sicherheitsgründen werden Endausschalter vorgesehen, welche die Motoren beider Brückenstützen stillsetzen, wenn der Unterschied in der Stellung der Brücken einen bestimmten Betrag überschreitet. Die Schaltung ist dabei derartig, daß beim Wiedereinschalten die voreilende Brücke nur nach rückwärts, die nacheilende nur nach vorwärts gesteuert werden kann. Das gleichzeitige Einschalten beider Motoren in derselben Bewegungsrichtung ist erst wieder möglich, wenn sich die Stützen in Parallelstellung befinden.

B. Drehstromschaltungen für Fahrwerke

Einfache Umkehrung (Schaltung *a*). Die einfache Umkehrung bei Drehstrom entspricht der einfachen Umkehrung bei Gleichstrom (vgl. Fig. 25). In Fällen der Gefahr kann man den Nachlauf durch Gegenstrom abbremsen, wobei darauf zu achten ist, daß der Steuerapparat nach Stillstand des Motors sofort wieder in die Mittelstellung zurückgedreht wird.

Eine Nachlaufbremsung entsprechend der Schaltung *c* ist bei Drehstrom nicht möglich, da es bei Drehstrom ausgeschlossen ist, elektrisch zu bremsen, indem man den Motor vom Netz trennt und auf Widerstände schaltet.

Sonderschaltung für Verladebrücken. Bei Drehstrom kann man dadurch, daß man den Rotor der beiden zum Antrieb der Stützen dienenden Motoren auf einen gemeinschaftlichen kleinen Widerstand arbeiten läßt, eine vollständig gleiche Drehzahl der beiden Motoren erzielen. Die Motoren sind dabei, wie üblich, parallel geschaltet. Da nach S. 34 auch dann, wenn beide Motoren dieselbe Drehzahl besitzen, ein Schiefstellen der Brücken nicht ausgeschlossen ist, so sind auch hier Sicherheitsmaßregeln, wie Nebenwalze und Endausschalter, erforderlich.

C. Einphasenstromschaltungen für Fahrwerke

Die Steuerung des als Repulsionsmotor gebauten Kranmotors (Modell EH) erfolgt durch Bürstenverschiebung oder mit Hilfe von Steuerapparaten und Widerständen.

Die Steuerung durch Bürstenverschiebung macht alle sonst erforderlichen Apparate, wie Steuerwalzen und Widerstände, entbehrlich und besitzt wegen ihrer besonderen Einfachheit und Wirtschaftlichkeit große Vorzüge. Sie ist unbedingt allen anderen Regelungsarten vorzuziehen, wenn die Bürstenbrücke unmittelbar vom Kranführer bedient werden kann, wie dies bei Drehkranen oder Laufkatzen mit angehängtem Führerstand immer der Fall ist.

Wo das Triebwerk gegenüber dem Führerstand nicht ortsfest ist, wird die Steuerung mit Bürstenverschiebung nur dann in Frage kommen, wenn es sich um Ein- und Ausschalten ohne Regelung der Drehzahl handelt. Die Bürsten werden in diesem Falle durch einen Hilfsmotor verschoben. Soll aber gleichzeitig geregelt werden, so wird bei konstanter Bürstenstellung unter Verwendung von Schaltung *a* (S. 32) mit Hilfe von Widerständen gesteuert.

Reihenschlußmotoren (Modell EHJ) werden durch Stufentransformatoren geregelt, wobei eine Fernsteuerung ohne weiteres möglich ist.

9. Schaltungen für Hubwerke

A. Gleichstromschaltungen für Hubwerke

Einfache Umkehrung (Schaltung *a*). Bei den zuerst gebauten elektrischen Hebezeugen wurden auch für die Hubwerke meist symmetrische Steuerungen verwendet, da bei der Art der damaligen Hubwerks-Antriebe die Motoren sowohl beim Heben als auch beim Senken Arbeit zu leisten hatten. Zum Teil lag dies daran, daß man anfänglich mit geringen Hubgeschwindigkeiten zufrieden war, welche die Verwendung von selbstsperrenden Schnecken gestatteten, zum Teil aber auch daran, daß die Kran-Konstrukteure in alter Gewohnheit nur schwer von der Verwendung der Lastdruckbremse abzubringen waren und sich nur allmählich mit den elektrischen Senkmethoden vertraut machten.

In neuerer Zeit sind die Lastdruckbremse und die selbstsperrende Schnecke, durch die künstlich eine Symmetrie der Hub- und Senkbewegungen erzielt wurde, mehr zurückgetreten. Die Lastdruckbremse spielt heutzutage wegen der außerordentlichen Sorgfalt, die bei ihrem Bau und ihrer Behandlung erforderlich ist, bei den Kran-Konstruktionen, wenigstens in Deutschland, nur eine ganz nebensächliche Rolle, und der Schneckenantrieb findet im wesentlichen als Kraftübertragungsmittel nur da Verwendung, wo es sich um geringe oder mittlere Hubgeschwindigkeiten, vor allem bei kleineren Kranen, handelt.

Für beide Anordnungen, also für selbstsperrende Schnecken oder für Senken mit Lastdruckbremsen, findet die auf S. 32 beschriebene Schaltung *a* Verwendung. In der Regel wird zum Stillsetzen eine Haltebremse vorgesehen. Diese wird, wenn das Hubwerk gegenüber dem Führerstand beweglich ist, wie z. B. bei Laufkatzen von normalen Laufkranen, durch einen Bremsmagneten betätigt. Ist das Hubwerk mit dem Führerstand fest vereinigt, wie z. B. bei Drehkranen, so wird gewöhnlich eine mechanische Hand- oder Fußbremse vorgesehen. In Ausnahmefällen wird auch Schaltung *c* (S. 33) angewendet.

An Stelle der Umkehrung haben sich neuerdings die nachstehend beschriebenen elektrischen Senkbremssteuerungen immer mehr Eingang verschafft, die an Sicherheit des Betriebes und Feinheit der Abstufungen den früheren Senkmethoden wesentlich überlegen sind. Die dafür durchgebildeten Schaltungen umfassen in gleicher Weise die Hub- und Senkseite. Ihre Benennung ist indessen allein nach der besonders kennzeichnenden Schaltung auf der Senkseite gewählt.

Senkbremsschaltung mit starker Fremderregung (Schaltung *h*). Bei Schaltung *h* (Fig. 29) wird der Motor beim Bremsen, wie bei Schaltung *c*, über Widerstand geschlossen und bei gelüftetem Bremsmagneten von der sinkenden Last als Generator angetrieben (vgl. Fig. 30). Dabei wird in der ersten

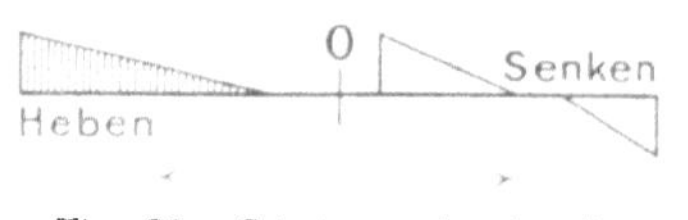

Fig. 29. Schaltung *h* oder *k*.
Senkbremsschaltung.

Senkbremsstellung nach einer den Siemens-Schuckertwerken geschützten Schaltung die Feldwicklung unter Vorschaltung von Anlaßwiderstand unmittelbar an das Netz gelegt. Der Motor ist also in der ersten Senkbremsstellung kräftiger erregt, als wenn er sich bei der Hintereinanderschaltung von Anker, Feldwicklung und Widerstand selbst erregen müßte.

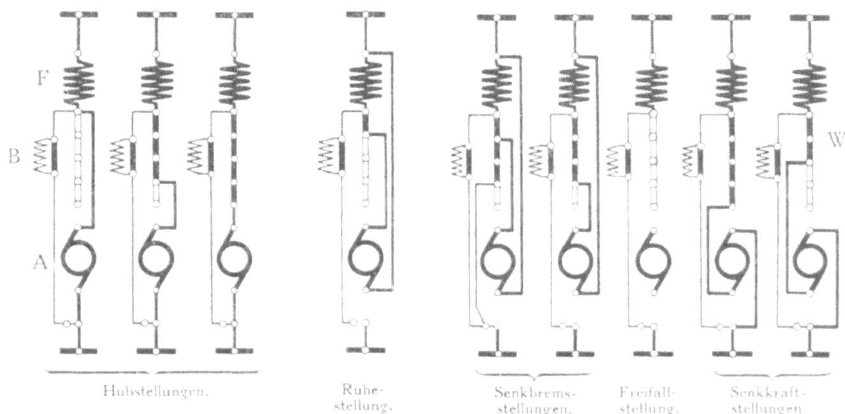

A Anker. B Bremsmagnet. F Feld. W Widerstand.

Fig. 30 Schaltungsbild für Schaltung *h*.

Die Schaltung *h* eignet sich infolgedessen für alle Fälle, in denen der Betrieb ein stoßfreies Bewegen der Last fordert, insbesondere, wenn die Last um äußerst geringe Strecken von wenigen Millimetern gehoben oder gesenkt werden muß. In erster Linie ist dies der Fall bei Montage- und Gießereikranen, bei denen es sich darum handelt, Maschinenteile oder Formkästen möglichst gleichmäßig und vorsichtig zu heben und abzusetzen.

Bei Kranen mit einem hohen Wirkungsgrad hat die starke Fremderregung noch den Vorteil, daß sie in der ersten Schaltstellung eine zu hohe Senkgeschwindigkeit, wie sie sonst bei den geringen Eigenwiderständen des Kranes schon bei kleinen und mittleren Lasten eintreten könnte, verhindert.

Dadurch, daß der gewöhnliche Hauptstrommotor zur Verwendung kommt und eine zusätzliche Nebenschlußwicklung oder besondere Widerstände für die Fremderregung usw. vermieden werden, wird der Austausch verschiedener Motoren und das Bereithalten von Ersatzteilen erleichtert.

Die Geschwindigkeit, mit der die Last gesenkt wird, kann durch Veränderung des eingeschalteten Widerstandes geregelt werden. Die Senkgeschwindigkeit ist um so größer, je weiter die Steuerwalze aus der Mittelstellung herausbewegt wird, und je mehr Widerstand dadurch in den Motorkreis geschaltet ist.

Naturgemäß ist die Geschwindigkeit in derselben Schaltstellung bei kleinen Lasten geringer als bei großen Lasten. Der leere Haken oder sehr kleine Lasten ziehen das Windwerk mit dem Motor überhaupt nicht mehr durch. Für diesen Fall sind hinter den Senkbremsstellungen noch zwei Senkkraftstellungen vorgesehen, in denen der Motor im Senksinne ans Netz geschaltet ist. Zwischen den Senkbrems- und Senkkraftstellungen liegt noch eine Stellung, in welcher der Motor, ohne kurzgeschlossen zu sein, bei gelüftetem Bremsmagnet vom Netz abgeschaltet ist, so daß eine sinkende Last nur die Widerstände des Getriebes zu überwinden hat.

Fig. 31 zeigt die Regelkurven für Schaltung *h*. Bei diesen Kurven ist das Motormoment in Hundertteilen des normalen Momentes als Abszisse aufgetragen. Die Drehzahl in Hundertteilen ist beim Heben nach oben und beim Senken nach unten hin aufgetragen. Die Einstellung auf die verschiedenen Kurven wird durch den Übergang auf die einzelnen Schaltstellungen erzwungen. (Fremdregelung). Jede einzelne Kurve gibt an, wie sich der Motor ohne willkürliche Beeinflussung durch den Steuerapparat auf der entsprechenden Schaltstellung in bezug auf seine Drehzahl verhält, wenn sich sein Drehmoment bei wechselnder Belastung ändert. Eine einzelne Kurve entspricht also vollständig der Eigenregelungskurve der Figur 4 auf Seite 22. Anderseits kann man den Kurven 1—7 (Heben) I—IV (Senken mit elektrischer Bremsung) 1—2 (Senken mit zugeführter elektrischer Energie), die den verschiedenen Schaltstellungen der Schaltung *h* entsprechen, sofort entnehmen, wie sich für ein bestimmtes Drehmoment die Drehzahl auf den verschiedenen Schaltstellungen einstellt.

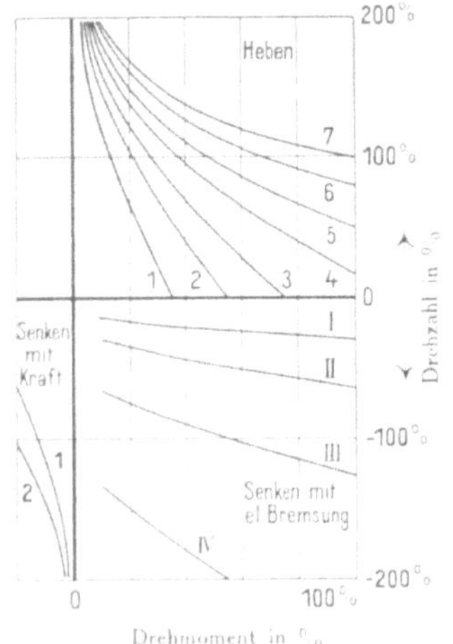

1—7 Hubstellungen. I—IV Senkbremsstellungen
1—2 Senkkraftstellungen.
Fig. 31.
Regelkurven für Schaltung *h*.

Wenn der Motor im Senksinne eine hohe Drehzahl erreicht hat, so muß natürlich darauf geachtet werden, daß nicht zu schnell auf die erste Senkstellung zurückgeschaltet wird, da sonst infolge der kräftigen Fremderregung ein zu starker Bremsstrom erzeugt wird und ein Feuern am Kommutator auftritt. Für die Betätigung der Steuerapparate kommen daher nur solche Antriebsmittel in Betracht, die, wie Handrad oder Hebel, ein vorsichtiges Steuern ermöglichen, nicht aber Seilsteuerung.

Die Schaltung *h* wird außer für Hubwerke mit nicht selbstsperrenden Schnecken auch dann verwendet, wenn Unsicherheit darüber herrscht, ob die Schnecke als selbstsperrend anzusehen ist, d. h. wenn eine Schnecke für kleinere und mittlere Lasten vollkommen selbstsperrend ist, nicht aber für Vollast.

Zum Abbremsen des Nachlaufs beim Heben, sowie zum Festhalten der angehobenen Last in beliebiger Stellung muß bei Schaltung h eine doppelt wirkende Haltebremse vorgesehen werden, die durch einen Bremsmagneten sowohl in den Senkstellungen als auch in den Hubstellungen gelüftet wird (vgl. S. 69ff).

Das Sacken der Last kann auf dieselbe Weise verhindert werden, wie später bei Schaltung l angegeben ist (vgl. S. 42).

Senkbremsschaltung mit schwacher Fremderregung (Schaltung k). Die Schaltung k (vgl. Fig. 29) unterscheidet sich von der Schaltung h dadurch, daß die Feldwicklung in der ersten Senkstellung nicht unter Vorschaltung des Anlaßwiderstandes, sondern nur unter Vorschaltung des Nebenschlußbremsmagneten an das Netz gelegt ist (Fig. 32).

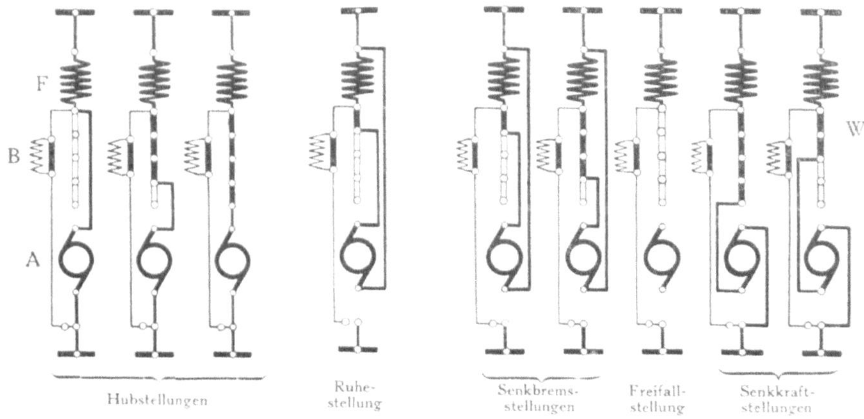

A Anker. B Bremse. F Feld. W Widerstand.
Fig. 32. Schaltungsbild für Schaltung k.

Die Fremderregung ist dabei wesentlich schwächer als bei Schaltung h. Das Sacken wird infolgedessen nicht vollständig vermieden. Man hat dafür aber auf der andern Seite den Vorteil, daß selbst dann, wenn auf der Senkseite rasch geschaltet wird, ein übermäßiges Anwachsen des Bremsstromes und das damit verbundene Feuern am Kommutator vermieden wird. Man wählt also Schaltung k für solche Betriebe, in denen es darauf ankommt, ohne feinere Regelung schnell zu arbeiten, wobei dem Führer keine Zeit zur Verfügung steht, die einzelnen Schaltstellungen genau zu beobachten. Am häufigsten trifft diese Arbeitsweise bei den Spezialkranen der Hüttenwerke zu.

Die Schaltung k ist auch dann zu verwenden, wenn bei der Art des gewählten Antriebes des Steuerapparates nur ein ungenaues und schnelles Schalten vorausgesetzt werden kann. Dies ist z. B. der Fall bei dem Universal-

Antrieb (vgl. Abschnitt 13), sowie bei Steuerapparaten mit federnder Rückstellung, wie sie für Seilbedienung vom Flur aus meist verlangt werden. Die Schaltung k kommt daher vielfach zur Verwendung für Hubwerke von kleineren Werkstattkranen, bei denen sich die Anordnung eines besonderen Führerkorbes nicht lohnt, ferner bei Hubwerken von Flaschenzügen, Laufkatzen und dergl.

Endlich ist mit Rücksicht darauf, daß bei schwacher Fremderregung die Kontakte des Steuerapparates weniger angegriffen werden als bei Schaltung h, die Schaltung k anstelle von Schaltung h auch überall da zu empfehlen, wo man mit einer geringeren Bremswirkung auskommt. Dies ist der Fall, wenn die Hubwerke, ohne selbstsperrend zu sein, eine starke Selbsthemmung besitzen. Bei solchen Triebwerken — sie besitzen im allgemeinen immer nur einen geringen Wirkungsgrad — läßt sich eine feinstufige Senkbremsung auch durch schwache Fremderregung erzielen.

Die Regelkurven für Schaltung k verlaufen ähnlich wie die der Schaltung h. Bei Schaltung k ist ebenso wie bei Schaltung h zum Abbremsen des Nachlaufs beim Heben, sowie zum Festhalten der angehobenen Last eine doppelt wirkende Haltebremse vorzusehen, die durch einen Nebenschlußbremsmagneten sowohl in der Senkstellung, als auch in der Hubstellung gelüftet wird.

Das Sacken der Last kann auf dieselbe Weise verhindert werden wie bei der im folgenden beschriebenen Schaltung l.

Sicherheits-Senkschaltung (Schaltung l). Die Schaltung l (Fig. 33) stellt insofern eine geradezu vollkommene Hubwerkschaltung dar, als ein Durchgehen der Last ohne besondere Hilfsmittel durch das Wesen der Schaltung selbst ausgeschlossen ist. Die Schaltung ist in

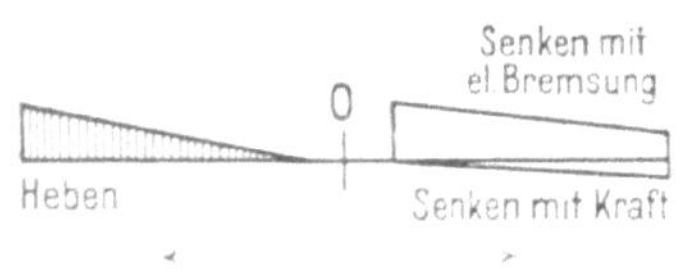

Fig. 33. Schaltung l
Sicherheitssenkschaltung.

dieser Hinsicht den erwähnten Schaltungen h und k noch überlegen. Bei diesen Schaltungen ist nämlich beim Senken schwerer Lasten an und für sich die Möglichkeit nicht ausgeschlossen, daß die Geschwindigkeit zu groß wird, wenn der Führer das Steuerorgan zu lange auf der schwächsten Senkbremsstellung stehen läßt oder gar auf Senkkraftstellungen übergeht. Man war bisher darauf angewiesen, dieser Gefahr durch besondere Sicherheitsvorrichtungen, wie Schleuderklingel oder Fliehkraft-Ausschalter zu begegnen (vgl. Sicherheitsvorrichtungen, Abschnitt 22). Indem nun durch Ausbildung der Sicherheits-Senkschaltung l eine zu große Senkgeschwindigkeit überhaupt ausgeschlossen wird, werden alle besonderen Vorsichtsmaßregeln vollständig entbehrlich. Die Schaltung l stellt daher einen technischen Fortschritt dar, der für Krane, die außergewöhnlich beansprucht sind oder wertvolles Gut zu befördern haben, von wesentlicher Bedeutung ist.

Bei Schaltung *l* wird der Motor, wie Fig. 34 zeigt, beim Heben in gewöhnlicher Weise als Hauptstrommotor geschaltet und durch Widerstände geregelt. Dabei ergeben sich die in Fig. 35 mit 1 bis 6 bezeichneten Regelkurven.

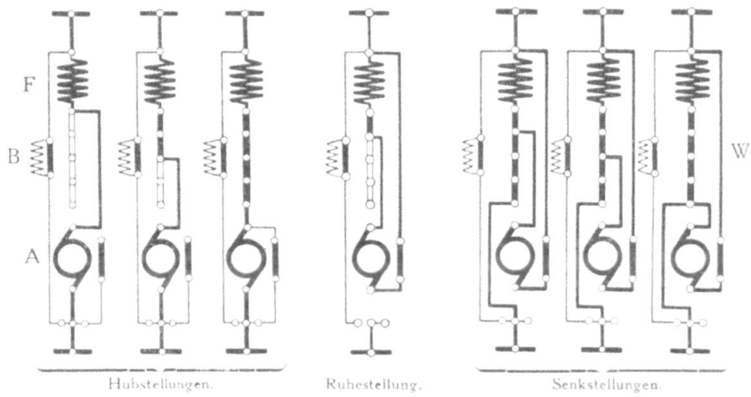

A Anker. B Bremsmagnet. F Feld. W Widerstand.
Fig. 34. Schaltungsbild für Schaltung *l*.

Dagegen arbeitet der Motor beim Senken wie eine Nebenschlußmaschine, und zwar in ein und derselben Schaltstellung bei kleineren Lasten als Motor und bei großen Lasten als ein von der Last angetriebener Generator. Die Hauptstromwicklung liegt dabei in allen Senkstellungen in Reihe mit dem ganzen Vorschaltwiderstand am Netz, während der Ankerstrom parallel zum Feld von einer Stelle des Vorschaltwiderstandes abgezweigt wird. Diese Abzweigstelle wird beim Regeln auf der Senkseite verschoben, wodurch der vor dem Anker liegende Teil des Vorschaltwiderstandes geändert wird.

Bei der vorliegenden Steuerung erhöht sich die Erregung selbsttätig, wenn der von der Last durchgezogene Motor als Generator arbeitet, und die abgehende Last wird dadurch kräftig gebremst. Der Motor wirkt in dieser Hinsicht noch günstiger als ein voll eingeschalteter Nebenschlußmotor mit konstanter Erregung.

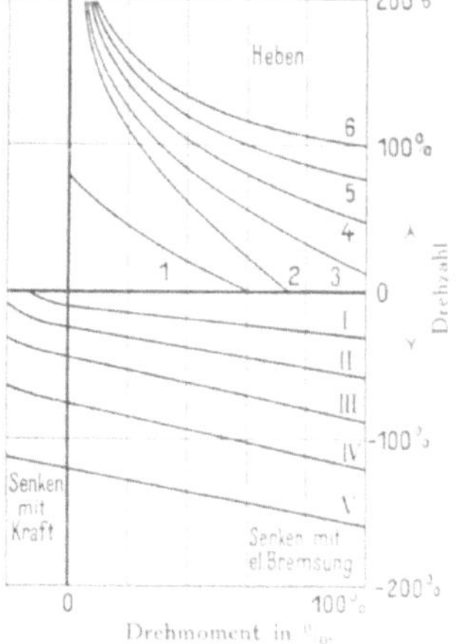

1--6 Hubstellungen. I—V Senkstellungen.
Fig. 35. Regelkurven
für Schaltung *l*.

Die Wirkung, die man beim Senken mit dieser Steuerung erzielt, geht aus den Regelkurven *I* bis *V* der Fig. 35 hervor. Obgleich beispielsweise bei Kurve *IV* das Drehmoment an der Motorwelle von 0 bis $100^o/_o$ zunimmt, ändert sich die Drehzahl nur von -75 bis $-120^o/_o$.

Um ein Nachsacken der Last zu verhindern, wird der Anlaßwiderstand so klein bemessen, daß der Motorstrom bereits in der ersten Stellung genügt, um der größten vorkommenden Last das Gleichgewicht zu halten. Die Schaltung *l* kommt daher für solche Fälle in Frage, in denen die Reibung des Getriebes selbst nicht ausreicht, um ein Nachsacken der Last zu verhindern. Sie ermöglicht es, wenn z. B. bei Montagekranen die Höhe der Last genau eingestellt werden soll und zu diesem Zwecke aus der Schwebe wieder angefahren wird, größere Lasten auch in der ersten Schaltstellung in der Schwebe zu halten.

Um bei dem kleinen Anlaßwiderstand zu verhindern, daß die Drehzahl bei kleinen Lasten bereits auf der ersten Schaltstellung einen hohen Wert erreicht, wodurch der Regelbereich verringert wird, ist in der Einschaltstellung für das Heben nach Fig. 34 ein Widerstand parallel zum Anker gelegt. Dieser Widerstand, der bei großen Lasten die Wirkungsweise des Motors nur unwesentlich verändert, erfüllt bei kleinen Lasten die Aufgabe, das Feld des Motors zu verstärken, indem die Feldwicklung von der Summe aus dem Ankerstrom und dem Strom im Zweigwiderstand durchflossen wird. Der Motor ist daher, selbst wenn der Ankerstrom z. B. beim Heben des leeren Hakens sehr gering ist, noch so kräftig erregt, daß die Drehzahl trotz des kleinen Vorschaltwiderstandes verhältnismäßig gering ist und daher der leere Haken nötigenfalls langsam gehoben werden kann. Die Wirkung dieser Anordnung geht aus dem Verlauf der Regelkurve 1 der Fig. 35 hervor.

Schaltung für mechanische Senkbremse. Bei Hafenkranen kommt häufig eine Sonderschaltung zur Verwendung, bei welcher die elektrische Senkschaltung wegfällt und zum Senken die als einseitig wirkende Senksperrradbremse ausgebildete Manövrierbremse (Fig. 36) durch den Steuerhebel des Anlassers gelüftet wird. Dabei ist mit Rücksicht auf die Feinheit der Steuerung vorausgesetzt, daß das Lüften der mechanischen Bremse wenig Kraft erfordert.

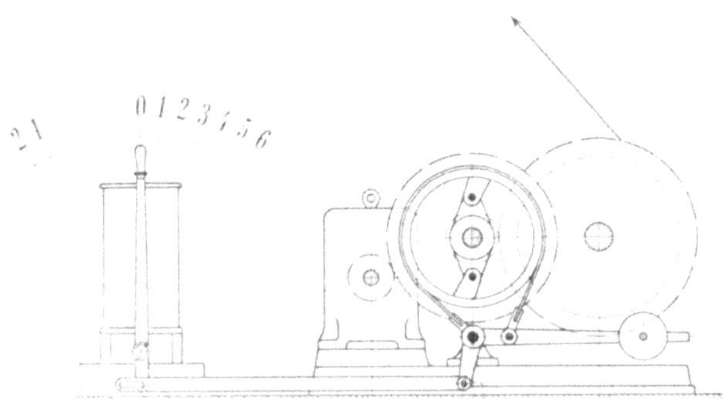

Fig. 36. Manövrierbremse, durch den Hebel des Anlassers betätigt.

Der Hebel wird nach Fig. 36 beim Senken nach links bewegt und zwar zunächst über den Ausschlagwinkel 0 1, wobei die Bremse allmählich gelüftet wird. Der Motor ist dabei entweder abgekuppelt, oder er wird von der Last durchgezogen und läuft leer mit. Wenn bei leichten Lasten oder beim Senken des leeren Hakens trotz völliger Lüftung der Bremse noch kein Senken erfolgt, so wird der Hebel nach links bis in die Senkkraftstellungen weitergedreht, und der Motor erhält Strom im Senksinne. Beim Heben wird der Hebel nach rechts in die Stellungen 1 bis 6 gedreht. Um dies zu ermöglichen, ist am Gestänge der Bremse ein Langloch vorgesehen.

Da die Bremse als Senksperradbremse ausgebildet ist, so läßt sie nur eine Bewegung der Last im Hubsinne zu, so daß ein Nachsacken der Last auch dann ausgeschlossen ist, wenn der Steuerapparat sich noch in der ersten Schaltstellung befindet und daher noch der ganze Widerstand eingeschaltet ist.

Die in Fig. 37 dargestellte Vorrichtung gestattet es, die Bremse in allen Hubstellungen mit Hilfe einer am Steuerhebel angebrachten Klemmvorrichtung anzuziehen. Beim Anziehen des schlaffen Seiles kann also der Motor, ehe er das Seil spannt, allmählich künstlich belastet werden, so daß die Last stoßfrei gehoben wird.

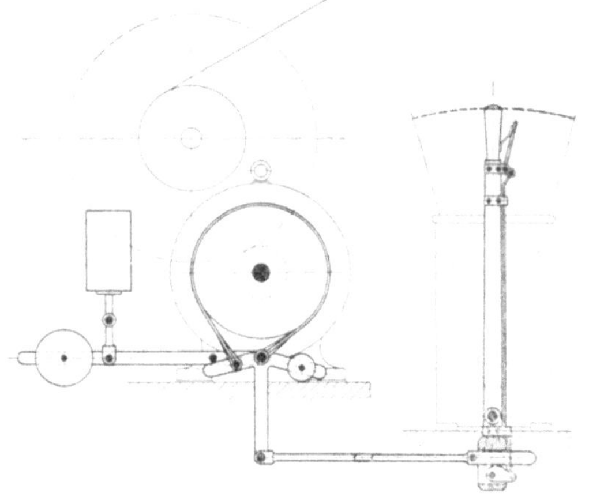

Fig. 37. Vorrichtung zum Anziehen der Bremse in jeder Hubstellung.

Sonderschaltung für Lokomotivhebekrane. Wenn zwei unabhängige Hubwerke beim Heben großer Lasten zusammenarbeiten sollen, wie es z. B. bei Lokomotivhebekranen der Fall ist, so muß, wie bei den Verladebrücken, eine Schaltweise gewählt werden, bei welcher die Motoren auch bei verschiedener Belastung praktisch gleiche Drehzahlen aufweisen. Eine derartige Schaltung ist bei allen Lokomotivhebekranen, die von den Siemens-Schuckertwerken mit elektrischer Ausrüstung versehen sind, mit großem Erfolg angewendet. In einzelnen Fällen sind auch bereits mit Erfolg vier Motoren gleichmäßig gesteuert worden.

B. Drehstromschaltungen für Hubwerke.

Während bei Gleichstrom die elektrische Bremsung durch Generatorwirkung des Motors die Möglichkeit bot, die Aufgabe des elektrischen Senkens von Lasten in mannigfachster Weise zu lösen, mußte man sich beim Drehstrommotor, der nach Trennung vom Netz nicht als Generator arbeitet, nach besonderen Hilfsmitteln umsehen. Zunächst ist elektrische Bremsung beim übersynchronen Lauf des Motors möglich. Den Siemens-Schuckertwerken ist es außerdem frühzeitig gelungen, mit Hilfe der ihnen geschützten Hubsperrbremse für

Gegenstrom-Senkbremsung eine der Schaltung *h* völlig gleichwertige Steuerung zu schaffen, die auch den schärfsten Anforderungen gerecht wird. Immerhin ist die Auswahl an Senksteuerungen bei Drehstrom wesentlich geringer als bei Gleichstrom. Dies ist auch der Hauptgrund dafür, daß die Lastdruckbremse sich als Senkmittel in Drehstromanlagen schwerer verdrängen ließ als in Gleichstromanlagen.

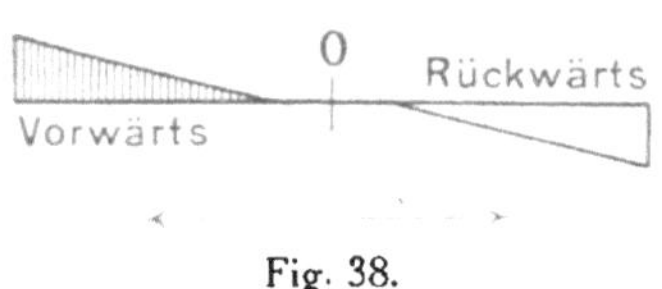

Fig. 38.

Schaltung *a*. Einfache Umkehrung.

Einfache Umkehrung (Schaltung *a*). Bei selbstsperrenden Getrieben oder beim Senken mittels Lastdruckbremse kommt bei Drehstrom ebenso wie bei Gleichstrom Schaltung *a* in Frage. Der Nachlauf kann auch hier durch Anschluß eines Bremsmagneten, der in der Nullstellung zum Einfallen kommt, abgebremst werden. Im Falle der Gefahr kann man das Hubwerk durch Gegenstrom stillsetzen, wobei darauf zu achten ist, daß der Steuerapparat sofort nach dem Stillstand des Motors wieder in die Nullstellung zurückgedreht wird, da sonst in der entgegengesetzten Richtung angefahren wird oder der Widerstand überlastet wird.

Wenn die Regelwiderstände klein bemessen werden, ist die einfache Umkehrung auch eine **Sicherheitssenkschaltung (Schaltung *ag*)** und kann dann in Fällen verwendet werden, in denen keine selbstsperrenden Schnecken oder Lastdruckbremsen vorhanden sind. Der im Senksinne eingeschaltete Drehstrommotor wird dabei von einer genügend großen Last mit einer ganz bestimmten, übersynchronen Geschwindigkeit durchgezogen, wobei er als Generator auf das Netz arbeitet und bremsend wirkt. Seine Geschwindigkeit ist um so größer, je größer die Last ist und je mehr Widerstand in den Rotorkreis geschaltet wird. Der Motor wird dabei, wie üblich, mit einem Widerstand angelassen, der bei Drehung des Steuerapparates aus der Nullstellung allmählich ausgeschaltet wird. In der äußersten Schaltstellung ist der Widerstand gleich Null und die Drehzahl des Motors nahezu die synchrone. Je weiter dann der Hebel des Steuerapparates nach der Ruhestellung zurückgedreht wird, desto größer wird der eingeschaltete Widerstand, desto mehr geht also die Geschwindigkeit über den Synchronismus hinaus. Der eingeschaltete Widerstand bleibt aber immer in solchen Grenzen, daß die zulässige Höchstgeschwindigkeit auch bei der größten vorkommenden Last nicht überschritten wird. Der Regelbereich liegt also nach dem vorstehenden zwischen der synchronen Geschwindigkeit und der zulässigen Höchstgeschwindigkeit.

Beim Senken des leeren Hakens nimmt der Motor in denselben Schaltstellungen, in denen er beim Senken von Lasten als Generator arbeitet, Strom vom Netz auf. Seine Drehzahl ist um so größer, je weiter der Steuerapparat aus der Ruhestellung gedreht ist, und wird schließlich nahezu gleich der synchronen Drehzahl.

Zum Abbremsen des Nachlaufs, sowie zum Festhalten der angehobenen Last in beliebiger Stellung muß bei Schaltung *ag* eine doppelt wirkende magnetische

Haltebremse vorgesehen werden, die sowohl in den Senkstellungen als auch in den Hubstellungen gelüftet wird.

Die Schaltung *ag* eignet sich für die Fälle, in denen die Senkgeschwindigkeit nicht genau geregelt zu werden braucht, wie z. B. bei Verladekranen mit großen Hubhöhen, oder wenn das Anbringen mechanisch betätigter Manövrierbremsen Schwierigkeiten bereitet, z. B. bei rasch arbeitenden, von der Ferne zu bedienenden Laufkatzen.

Gegenstrom-Senkbremsung (Schaltung *e*). Die Gegenstromsenkbremsung Schaltung *e* (Fig. 39) stellt eine äußerst einfache elektrische Senksteuerung für

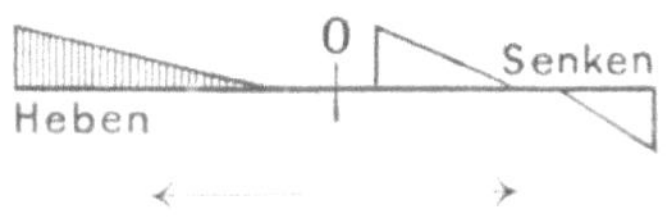

Fig. 39. Schaltung *e*. Gegenstrom-Senkbremsung.

Drehstrom dar, die sowohl in bezug auf Regelung beim Heben und Senken als auch hinsichtlich der Betriebssicherheit den Gleichstrom-Senkschaltungen *h* und *k* völlig ebenbürtig ist. Diese Steuerung ist bei Gießerei- und Werkstattkranen mit nicht selbstsperrenden Hubwerken, bei denen eine weitgehende Regelung der Geschwindigkeit verlangt wird, mit großem Erfolg zur Anwendung gebracht. Der Motor ist bei dieser Steuerung auch beim Senken im Hubsinne eingeschaltet, aber mit soviel Widerstand im Rotorkreis, daß sein Drehmoment zum Heben der Last nicht genügt. Der Motor wird daher von der Last entgegen dem Drehsinne des Feldes durchgezogen.

Das Gegendrehmoment, das der Motor dabei entwickelt, ist so bemessen, daß auch schwere Lasten auf den ersten Schaltstellungen in der Schwebe gehalten und ganz langsam gesenkt werden können. Dabei besteht dann aber die Möglichkeit, daß kleine Lasten auf den gleichen Schaltstellungen infolge des zu

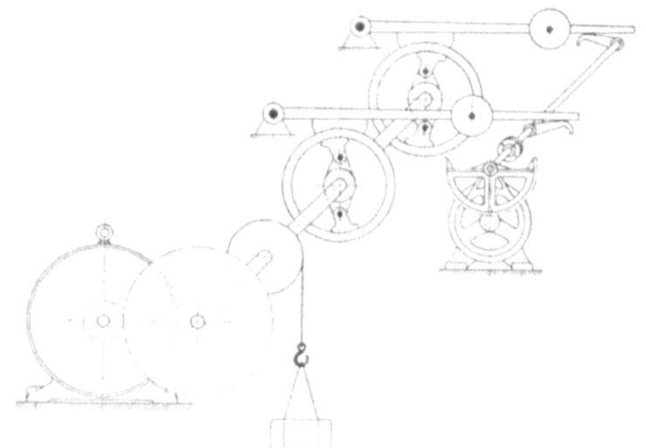

großen, vom Motor entwickelten Drehmoments gehoben werden. Um dies zu vermeiden, muß in das Getriebe eine einseitig wirkende Hubsperradbremse eingebaut werden, die beim Heben gelüftet wird, beim Senken aber angezogen bleibt, so daß sich das Getriebe nur im Senksinne drehen kann. Die außerdem noch erforderliche Haltebremse kann dann als Senksperradbremse ausgebildet werden, die gerade entgegengesetzt wirkt, d. h. nur beim Senken gelüftet wird und daher ein Sinken schwerer Lasten in den ersten Hubstellungen verhindert. Beide Bremsen werden zweckmäßig vereinigt und dann von einem gemeinsamen

Fig. 40. Vereinigte Hub- und Senksperradbremse.

Motorbremsmagnet bedient. Dieser hat für Heben und Senken entgegengesetzten Ausschlag und lüftet daher beim Heben die eine, beim Senken die andere Bremse (Fig. 40). Diese den Siemens-Schuckertwerken geschützte Einrichtung bewährt sich vorzüglich und zeigt sich selbst den schwierigen Anforderungen des Gießereibetriebes gewachsen. Schwere Formkästen, die ein sehr vorsichtiges Arbeiten erfordern, können mit der Gegenstromsenkbremsung unter Anwendung der Hubsperrbremse mit Sicherheit um wenige Millimeter gesenkt werden. Die Senkgeschwindigkeit kann durch Änderung des Widerstandes im Rotorkreis in weitem Bereiche geregelt werden. Der in den Rotorkreis geschaltete Widerstand wird um so mehr vergrößert und die Geschwindigkeit daher um so mehr erhöht, je weiter der Steuerapparat aus der Ruhestellung gedreht wird.

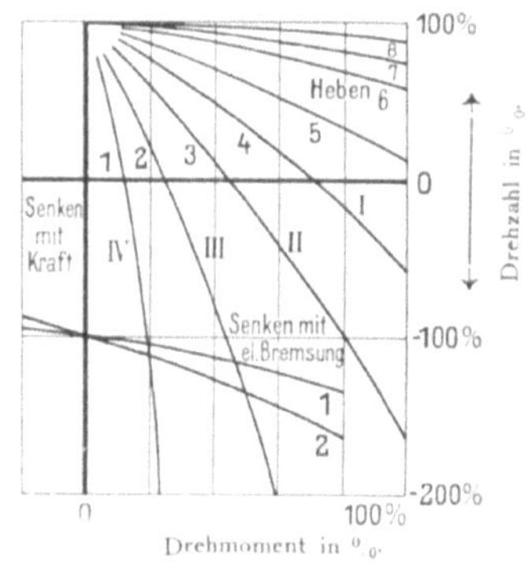

1—8 Hubstellungen, I—IV Bremsstellungen,
1—2 Senkkraftstellungen.

Fig. 41. Regelkurven für Schaltung *e*.

Damit auch eine leichte Last oder der leere Haken mit großen Geschwindigkeiten gesenkt werden kann, sind noch eine Freifallstellung und zwei Senkkraftstellungen vorgesehen. In den Senkkraftstellungen arbeitet der Motor beim Senken des leeren Hakens als Motor, während er in denselben Regelstellungen bei größeren Lasten, wie bei Schaltung *ag*, übersynchron als Generator angetrieben wird und sich dadurch bremst. Die zulässige Drehzahl kann also nicht überschritten werden. Die Figur 41 zeigt die Regelkurven für Schaltung *e*.

Schaltung für mechanische Senkbremse (Schaltung g). Diese Steuerung (Fig. 42), bei welcher die in Fig. 36 dargestellte Steuervorrichtung verwendet wird, kommt in erster Linie in Betracht, wenn Führerstand und Hubwerkantrieb in ein und demselben Raume aufgestellt sind, also hauptsächlich bei Hafendrehkranen, Portalkranen und Laufkatzen mit angebautem Führerstand. Das Senken der Last geschieht hierbei durch eine als

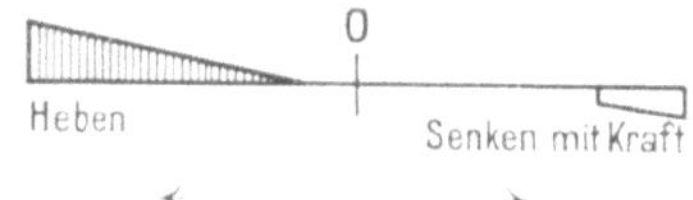

Fig. 42. Schaltung *g*.
für mechanische Senkbremse.

einseitig wirkende Senk-Sperradbremse ausgebildete Manövrierbremse. Um diese unmittelbar mit der Steuerung der Walze verbinden zu können, ist auf der Senkseite ein genügender Winkelausschlag freigelassen. Dahinter sind einige Senkkraftstellungen zum Senken des leeren Hakens oder leichter Lasten, die für sich allein das Getriebe nicht durchziehen, vorgesehen. Die Rotorwiderstände sind bereits in der ersten Senkkraftstellung so gering bemessen, daß, falls bei größeren Lasten unvorsichtig auf die Senkkraftstellung geschaltet wird, der von der Last übersynchron angetriebene Motor sich wie bei der Schaltung *ag* genügend bremst und daher ein Durchgehen ausgeschlossen ist.

C. Einphasenstrom-Schaltungen für Hubwerke

Über die Steuerung von Einphasenstrom-Motoren für Hubwerke gilt das auf S. 35 über die Fahrwerke Gesagte. Wo Regelung durch Bürstenverschiebung möglich ist, wird man diese vorziehen. Andernfalls werden Schaltungen benutzt, die den Gleichstrom-Schaltungen *a* und *h* ähnlich sind.

10. Leonardschaltung

Bei Hebezeugen, die mit großen Motorleistungen arbeiten oder sehr häufig und während langer Arbeitszeiten gesteuert werden müssen oder endlich eine besonders weitgehende und feine Regelung erfordern, wie z. B. bei Schwimmkranen, Geschützkranen, Waggonkippern, Gichtaufzügen usw., reichen die vorstehend beschriebenen Steuerungsverfahren zuweilen nicht aus. Die Steuerapparate für Hauptstromregelung werden dabei oft so schwer und unhandlich, daß ihre Betätigung an die Bedienungsmannschaft zu große Anforderungen stellt. Außerdem sind sie infolge ihrer starken Beanspruchung einer zu schnellen Abnutzung ausgesetzt. Für derartige Betriebe kann manchmal die Schützensteuerung (vgl. S. 61) in Frage kommen. Dieser aber sind alle Eigenschaften der Widerstandsschaltung ebenso eigentümlich wie den unmittelbar betätigten Schaltungen. Wo dies nachteilig ist und die Regelung nicht durch die Abhängigkeit der Drehzahl von der Last beeinflußt werden soll, ist die Steuerung mit Gleichstrom-Steuermaschinen in Leonardschaltung vorzuziehen. Diese Steuerung wird von den Siemens-Schuckertwerken seit dem Jahre 1903 für Fördermaschinen verwendet und seit dem Jahre 1905 auch für Hebezeuge, z. B. bei dem Gichtaufzug der Oberschlesischen Eisenbahn-Bedarfs-A.-G. Friedenshütte bei Morgenroth, O.-S. (1905) und bei den Kohlenkippern für die Trustees of Clyde Navigation, Glasgow (1906) mit Erfolg benutzt. Sie stellt die eleganteste, wenn auch teuerste Steuerung dar, mit der sich jede noch so schwierige Aufgabe in einfachster Weise erfüllen läßt.

Bei der Leonardschaltung erhält der Anker des Arbeitsmotors, wie aus dem Schaltungsbild in Fig. 43 hervorgeht, seinen Strom nicht unmittelbar vom Netz, sondern aus einer besonderen, mit gleichbleibender Drehzahl umlaufenden Gleichstrom-Steuerdynamo. Der Arbeitsmotor wird fremd erregt und in seiner Drehzahl dadurch geregelt, daß die Spannung der Steuerdynamo mit Hilfe eines Nebenschlußreglers ge-

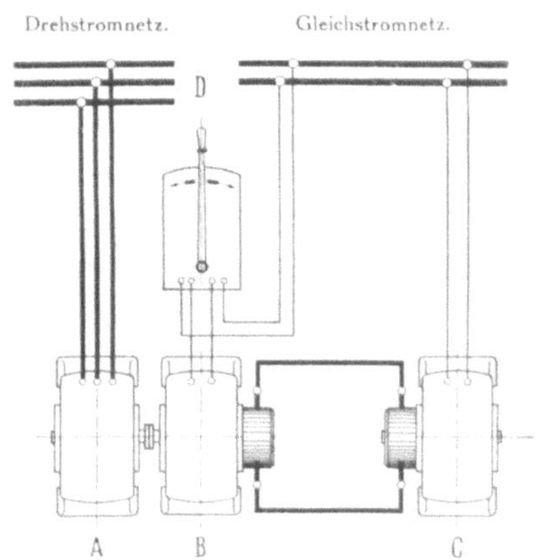

Fig. 43. Schaltungsbild der Leonardschaltung.
A Steuermotor.   B Steuerdynamo.
C Arbeitsmotor.   D Steuerhebel.

ändert wird. Die Drehzahl ist dabei im Gegensatz zur Regelung durch Widerstände nicht von der Größe der Last abhängig, sondern fast allein durch die Spannung der Steuerdynamo gegeben. Einer jeden Schaltstellung des Nebenschlußreglers der Steuerdynamo entspricht also bei allen Belastungen eine ganz bestimmte Drehzahl des Arbeitsmotors. Auslegen des Steuerhebels nach vorwärts bewirkt Zunahme der Drehzahl in dem einen Sinne, Auslegen nach rückwärts Zunahme der Drehzahl im entgegengesetzten Sinne, Zurückziehen des Steuerhebels sofortige Abnahme der Drehzahl (Bremsen). Hiermit wird eine außerordentlich große Genauigkeit der Steuerung erreicht, indem die Last streng der Bewegung des Steuerhebels folgt.

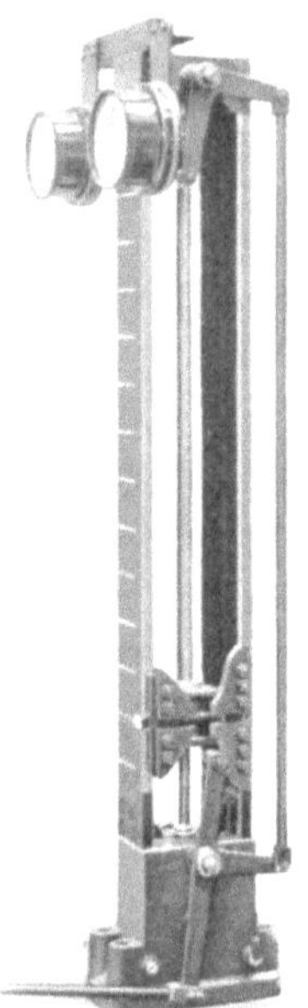

Fig. 44.
Teufenzeiger mit
Sicherheitsapparat.

Der Strom für die konstante Erregung des Arbeitsmotors und die veränderliche Erregung der Steuerdynamo wird, wenn kein Gleichstrom zur Verfügung steht, einer besonderen Erregermaschine entnommen.

Da die Steuerdynamo während der ganzen Betriebszeit des betreffenden Hebezeuges laufen muß, so arbeitet die Anlage um so wirtschaftlicher, je größer die Arbeitszeiten gegenüber den Betriebspausen sind. Die Verluste in der Steuermaschine werden bei einigermaßen lebhaftem Betrieb durch das Wegfallen der Anlaßverluste aufgewogen.

Durch einen den Siemens-Schuckertwerken geschützten Teufenzeiger mit Sicherheitsapparat (Fig. 44) läßt sich erreichen, daß die Geschwindigkeit für jede Stelle des Hubes einen ganz bestimmten Wert besitzt und ein vorzeitiges oder zu starkes Beschleunigen und zu spätes Verzögern oder ein Auslegen nach der falschen Seite ausgeschlossen wird. Zu diesem Zwecke wird von der Spindel des Teufenzeigers eine mit Kurvenstücken versehene Wandermutter angetrieben. Die Kurvenstücke geben das zum Steuerhebel führende Gestänge während des Zeitraumes der Beschleunigung in einer genau vorgeschriebenen Weise langsam frei und schieben es im Zeitraum der Verzögerung wieder zurück. Indem der Maschinist auf diese Weise gezwungen wird, in der richtigen Weise zu steuern, ist ein Fehler in der Bedienung von vornherein mit vollständiger Gewißheit ausgeschlossen. Die Anlage erhält hierdurch im Unterschied von Betrieben, in denen die Steuerbewegungen von der Willkür des Maschinisten abhängen, die denkbar größte Betriebssicherheit.

Die Steuerdynamo kann sowohl durch Elektromotor als auch durch andere Antriebsmaschinen (Dampfmaschine, Gasmaschine, Wasserturbine usw.) angetrieben werden. Der aus Antriebsmaschine und Steuerdynamo bestehende Maschinensatz bildet die sogenannte Steuermaschine.

Bei elektrischem Antrieb kann der Steuermotor an jedes vorhandene Gleichstrom-, Drehstrom- oder Einphasenstromnetz angeschlossen werden, sofern die zur Verfügung stehende Energie für den Betrieb der Steuermaschine ausreicht.

In geeigneten Fällen wird auf die Welle der Steuermaschine ein Schwungrad gesetzt, das im Zeitraum seiner Beschleunigung Energie aufspeichert und diese in der Zeit seiner Verzögerung wieder abgibt, eine Anordnung, die bei elektrischem Antrieb der Steuermaschine als Ilgnersystem bezeichnet wird. Durch eine den Siemens-Schuckertwerken geschützte Anordnung, bei der ein Relais unmittelbar vom Strom des Steuermotors betätigt wird, kann verhindert werden, daß sich die Stromstärke des Steuermotors bei Änderung seiner Drehzahl ebenfalls ändert, so daß also die Stromaufnahme aus dem Netz praktisch konstant gehalten wird. Dies Verfahren hat sich sowohl in kleinen Anlagen als auch in den größten Betrieben mit Stoßleistungen bis 20000 PS, wie sie z. B. bei Umkehrstraßen vorkommen können, außerordentlich bewährt.

Beim Antrieb der Steuerdynamo durch eine Dampfmaschine, Gasmaschine oder Wasserturbine, muß das auf der Welle sitzende Schwungrad so bemessen sein, daß es, wenn der Arbeitsmotor beim Bremsen Strom in die Steuerdynamo zurückliefert, eine unzulässige Beschleunigung verhindert. Damit das Schwungrad voll zur Geltung kommt, kann die Anordnung getroffen werden, daß der Regler der Antriebsmaschine innerhalb weiter Geschwindigkeitsgrenzen ausgeschaltet wird. (D. R. P.) Hierdurch wird bei allen Belastungen eine einzige,

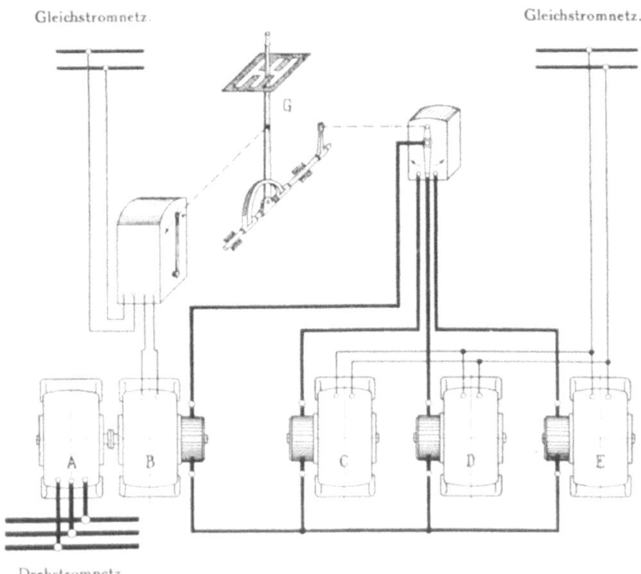

Fig. 45. Schaltungsbild für Steuerung mehrerer Motoren mit einer einzigen Steuermaschine. A Steuermotor. B Steuerdynamo. C, D, E Arbeitsmotoren. G Steuerapparat.

der mittleren Leistung entsprechende Füllung erzielt, so daß die Belastungs-
stöße vollständig vom Schwungrad aufgenommen werden.

Die Steuermaschine wird in einem eigenen Kraftwerk oder Unterwerk aufgestellt oder auf dem Hebezeug untergebracht. Da die Steuermaschine beim
elektrischen Antrieb für eine hohe Drehzahl gebaut werden kann und daher
geringe Abmessungen besitzt, so ist ihre Aufstellung auf dem Hebezeug
selbst dann möglich, wenn es sich um Laufkrane oder andere bewegliche
Hebezeuge handelt, auf denen meist nur ein beschränkter Raum zur Verfügung steht.

Gegebenenfalls können auch mehrere Motoren, die nicht gleichzeitig arbeiten,
von einer einzigen Steuermaschine gesteuert werden. Dies geschieht am einfachsten nach der durch Fig. 45 dargestellten, den Siemens-Schuckertwerken
geschützten Anordnung.

Die Querbewegung des einzigen Steuerhebels (in Fig. 45 nach rechts oder
links) bewirkt die Schaltung der Steuerdynamo auf den einen oder anderen
Arbeitsmotor, während die dazu senkrechte Bewegung, die zur leichteren
Übersicht in verschiedenen Schlitzen des Steuerapparates erfolgt, den Regel-
widerstand betätigt. Wo der Platz für die Aufstellung des dreischlitzigen
Steuerbockes zu knapp ist, wird statt dessen der später in Abschnitt 16 dargestellte Apparat verwendet.

IV · STEUER-VORRICHTUNGEN

ei den früher gebräuchlichen Transmissionskranen und auch noch bei den elektrischen Einmotorenkranen erfolgte das Ingangsetzen und Umsteuern der einzelnen Antriebe durch Wendegetriebe, die nur für geringe Leistungen und Geschwindigkeiten zu verwenden waren und überdies laufende, kostspielige Reparaturen erforderten. Erst dadurch, daß man jedes Triebwerk mit einem besonderen Motor versah und die Wendegetriebe durch elektrische Umkehrvorrichtungen ersetzte, konnten größere Arbeitsgeschwindigkeiten und bisher unerreichte Förderleistungen erzielt werden. Die Vorteile der elektrischen Steuerung, die es auch bei größten Arbeitsgeschwindigkeiten und Motorleistungen ermöglichte, durch einfach und leicht zu bedienende Steuerapparate die Geschwindigkeit zu regeln und der Last sicher die jeweils gewünschte Stellung zu geben, waren eine Hauptursache für die glänzende Entwicklung, die die Hebezeugtechnik genommen hat.

Die verschiedenen Bedingungen des Betriebes ¦haben im Laufe der Zeit dazu geführt, für ein und dieselbe Schaltung verschiedene Arten von Steuervorrichtungen zu schaffen, die sich in der inneren Konstruktion, der äußeren Form und den Antriebsteilen unterscheiden.

Über die Steuervorrichtungen sind von dem Verband Deutscher Elektrotechniker im Gegensatz zu den Bestimmungen über die Motoren weder Vorschriften gemacht noch irgendwelche Anhaltspunkte gegeben. Während ferner bei den Motoren deutliche Leistungsbezeichnungen bestehen, die eine Verständigung über das zu wählende Motormodell leicht möglich machen (vgl. S. 14 und 15) fehlen derartige Bezeichnungen für die¦Steuerapparate. Der entwerfende Ingenieur ist daher bei der Wahl der Apparate noch mehr als bei der Wahl der Motoren auf seine Erfahrungen angewiesen.

Während bei der Auswahl des Motors hauptsächlich darauf zu achten ist, daß die Erwärmung die zulässige Grenze nicht überschreitet, steht bei der Wahl der Steuervorrichtungen die Rücksicht auf den Verschleiß an den Kontaktstellen an erster Stelle. Dieser Verschleiß, der von den an den Kontakten auftretenden Funken herrührt, ist von der Höhe der Spannung und der zu schaltenden Leistung abhängig. Daß die Apparate außerdem, wie alle stromführenden Teile, so bemessen sein müssen, daß ihre Erwärmung nicht zu hoch wird, ist selbstverständlich.

Um sicher zu gehen, ist es zu empfehlen, die Apparate reichlich zu bemessen, besonders dann, wenn bereits kurze Betriebsunterbrechungen große Nachteile mit sich bringen, wie z. B. beim Laden und Löschen von Schiffen, ferner bei Hüttenkranen usw. Man muß leider oft die Beobachtung machen, daß der mechanische Teil der Krane äußerst kräftig gebaut ist und auch die Motoren dementsprechend stark genug gewählt sind, daß aber die Steuerapparate aus falscher Sparsamkeit zu schwach bemessen werden, ein Vorgehen, daß sich bei angestrengtem Betrieb aufs Empfindlichste rächt.

Großer Wert ist auch auf geeignete Aufstellung der Steuerapparate zu legen. Es ist ein alter Fehler, sie in enge Räume hineinzubauen, worunter dann nachher der Betrieb zu leiden hat. Ebenso wie früher oft in Kraftwerken der Platz für die Schaltanlage fehlte, so mangelt es jetzt häufig auf Kranen noch an Raum für die Steuerapparate, die doch für die Betriebssicherheit des Kranes von der größten Wichtigkeit sind. Man muß ferner dafür Sorge tragen, daß die Widerstände, wenn sie nicht unmittelbar mit dem Steuerapparat verbunden sind, an einem Ort aufgestellt werden, auf dem sie sich gut abkühlen können und für eine Bedienung und Auswechselung gut zugänglich sind. Die tägliche Überwachung stark benutzter Steuervorrichtungen, die Auswechselung der dem Verschleiß unterworfenen Teile, sowie das Abnehmen und Befestigen der ganzen Apparate muß schnell und ohne Schwierigkeiten erfolgen können.

11. Umschalter für leichte Betriebe

Verwendungsgebiet. Bei kleinen Motoren können an Stelle der später beschriebenen Steuerwalzen billigere Umschalter verwendet werden, vorausgesetzt, daß eine Regelung der Drehzahl oder ein vorsichtiges Anfahren und Absetzen der Last nicht erforderlich ist. Vielfach steht allerdings der Verwendung eines Umschalters entgegen, daß die Sicherungen für den bei Verwendung von Umschaltern verhältnismäßig hohen Anlaufstrom bemessen werden müssen und dann den Motor, wenn er einmal überlastet wird, nicht genügend schützen. Wo aber dieses Bedenken zurücktritt, ist die Verwendung eines Umschalters wegen der damit verbundenen Ersparnisse durchaus zu empfehlen.

Die Umschalter für leichte Betriebe, wie sie bei Laufkatzen, tragbaren Winden, Flaschenzügen und anderen Kleinhebezeugen mit Motoren bis etwa 5 PS verwendet werden, haben die in Fig. 46 dargestellte Form. Sie können bei Gleichstrom für Leistungen bis 0,5 PS, bei Drehstrom bis etwa 2 PS ohne Widerstand verwendet werden, da der Stromstoß, der in diesem Falle beim Einschalten des Motors ohne Widerstand auftritt, sowohl mit Rücksicht auf den

Fig. 46. Umschalter
für leichte Betriebe.

Motor als auch auf das Netz meist zugelassen werden kann. Bei Leistungen
über 0,5 bezw. 2 PS ist stets ein Vorschaltwiderstand, welcher dann
dauernd im Stromkreis des Motors liegen bleibt, zu empfehlen. Dieser
Vorschaltwiderstand verursacht einen dauernden Spannungsverlust von 15 bis
20 %. Für Leistungen über 5 PS sind Umschalter im allgemeinen nicht mehr
verwendbar.

Ausführung. Die Umschalter sind Walzenschalter, die mit Federhämmern
aus Bronzeblech mit aufgenietetem massiven Kontaktstück versehen sind. Sie
haben eine Gußeisen-Grundplatte und eine leicht abnehmbare Abdeckung aus
Eisenblech. Im Innern der Schalter ist eine Schmiervorrichtung angebracht, die
selbsttätig das Einfetten der Kontakte besorgt.

Antrieb. Bei Laufkatzen und Flaschenzügen werden die Umschalter durch
eine Traverse gesteuert, die durch Seil vom Flur aus betätigt wird. (Über
Seilantrieb vgl. S. 58). Sie werden in diesem Falle mit einer Rückstellfeder
versehen, die beim Loslassen des Steuerseiles den Schalter selbsttätig in die
Ruhestellung zurückführt. In andern Fällen wird ein Handhebel verwendet.

12. Steuerwalzen für leichte Betriebe

Verwendungsgebiet. Wenn die Drehzahl geregelt werden muß oder stoßfreies Anfahren und Stillsetzen gefordert wird, kommt bei Kleinhebezeugen, wie
Laufkatzen, Flaschenzügen, tragbaren Winden, kleinen
Kranen usw. mit Leistungen bis 3 PS die in Fig. 47 abgebildete Steuerwalze für leichte Betriebe zur Verwendung.
Ihre Anschaffungskosten passen sich den mit der Zeit
wesentlich verringerten Kosten der Kleinhebezeuge an.

Ausführung. Die Apparate werden liegend oder
für seitliche Befestigung an senkrechten Flächen ausgeführt. Sie besitzen eine Gußeisen-Grundplatte und
eine leicht abnehmbare Abdeckung aus Eisenblech.
Der innere drehbare Teil, die sogenannte Schaltwalze,

Fig. 47. Steuerwalze
für leichte Betriebe.

besteht aus einer mit Isoliermaterial umgebenen Welle, auf welcher die Kontakte
aufgeklemmt sind. Die Hämmer sind Federhämmer mit aufgenietetem Kopf.
Die Ausführung ist nur möglich für Schaltung *a*, d. h. für einfache Umkehrung
ohne Nachlaufbremsung.

Antrieb. Die Steuerwalzen für leichte Betriebe werden bei Laufkatzen
und Flaschenzügen mit einer Seilscheibe ausgerüstet, die durch Seil vom Flur aus
betätigt wird (vgl. S. 58). Dabei wird, wie bei den Umschaltern, vorgesehen,
daß die Schaltwalze beim Loslassen des Seiles selbsttätig in die Ruhestellung
zurückgeht. Wenn die Bedienung von einem festen Führerstand aus erfolgt,
kommt eine Handkurbel zur Verwendung.

13. Normale Steuerwalzen

Verwendungsgebiet. Die normale Steuerwalze, wie sie in den Figuren 48 bis 57 dargestellt wird, kommt für Hebezeuge weitaus am häufigsten zur Verwendung.

Fig. 48.
Normale Steuerwalze.

Sie wird für Leistungen von etwa 5 bis 70 PS gebaut. Die Bemessung ist derartig, daß die Apparate von normaler Leistung ohne weiteres in Betrieben verwendet werden können, in denen die Motoren für 45-Minutenleistung gewählt werden. (Siehe Auswahl der Motoren S. 15.) Für Betriebe mit 30-Minutenleistung der Motoren können die Apparate um etwa 25 % über die normale Leistung hinaus belastet werden, mit Ausnahme der Schaltungen h, k, l und e. Bei Betrieben mit 60-Minutenleistung der Motoren dürfen die Apparate nur mit etwa 80 % ihrer normalen Leistung belastet werden.

Die zuweilen wegen Platzmangel vorkommende Verwendung der normalen Steuerwalze in noch schwierigeren Betrieben, wie bei Stripperkranen, Blockeinsetzkranen und dergleichen, muß als ein Fehler bezeichnet werden. Für derartige Betriebe mit 90-Minutenleistung der Motoren sind die später beschriebenen Kohlen-Steuerschalter zu verwenden, die zwar kostspieliger sind als die Steuerwalzen, aber dafür auch durch ihre robuste Ausführung dem angestrengtesten Betrieb gewachsen sind. Es kann im Interesse der Betriebssicherheit nicht genug betont werden, wie falsch es ist, bei Hebezeugen, in denen hohe Werte auf dem Spiele stehen, an den Apparaten zu viel zu sparen. Es muß auch gefordert werden, daß in schwierigen Betrieben die Führerhäuser von vornherein so geräumig ausgebildet werden, daß der Aufstellung der natürlich umfangreicheren Steuerschalter nichts im Wege steht.

Fig. 49. Normale Steuerwalze, geöffnet.

Ausführung. Die Steuerwalzen besitzen eine drehbare, mit Kontakten versehene Schaltwalze, deren Schaltstellungen durch ein Sperrad fühlbar gemacht werden. Die Kontakte sitzen entweder auf Kontaktträgern aus Eisen, die isoliert auf die Welle aufgeklemmt sind, oder sie sind unmittelbar auf der Walze befestigt, die in diesem Falle aus Isoliermaterial besteht.

Auf den Kontakten schleifen kräftige Kontakthämmer, die sich in Scharnieren bewegen. Sie haben vor den nur an Federn befestigten Hämmern den Vorzug, daß sie auch im heftigen Betrieb, selbst wenn die Kontakte stark abgenutzt sein sollten, nicht verstaucht werden können. Wie Versuche ergeben haben, halten die Scharnierhämmer annähernd doppelt so viele Schaltungen aus wie Federhämmer.

Das Scharnier wird durch Lagern des Hammerendes in einer Pfanne gebildet, wodurch im Unterschied von der Befestigung mit Schrauben eine Schwächung des Hammers an der Befestigungsstelle vermieden wird (Fig. 50). Der Strom wird durch leicht bewegliche Kupferstreifen, die das Scharnier überbrücken, zugeleitet. Die Hämmer und Kontakte sind so angeordnet und geschaltet, daß größere Funken kaum auftreten.

Bei Steuerwalzen für Gleichstrom sorgt außerdem ein kräftiger Blasmagnet, wie er in Fig. 49 und 52 im

Fig. 50. Kontakthammer für normale Steuerwalzen.

linken Teil der Walze sichtbar ist, für gute Funkenlöschung. Er erzeugt ein magnetisches Feld, dessen Kraftlinien sich in dem Luftraum längs des ganzen

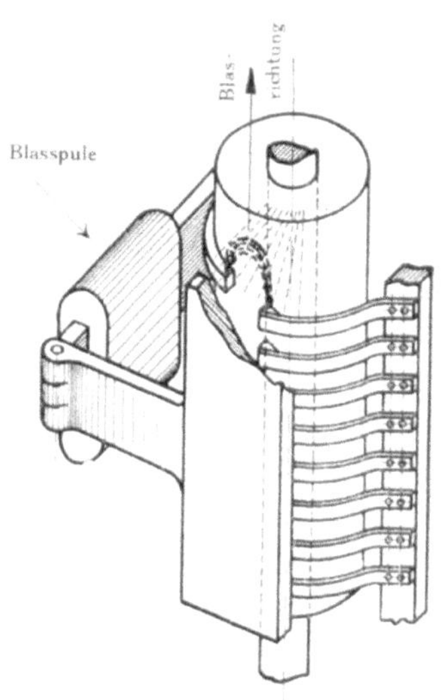

Fig. 51. Darstellung
der Wirkung der Blasspule.

Fig. 52. Herausnehmen
der Walze aus dem Gehäuse.

Bereiches der Auflagestellen der Kontakthämmer schließen und durch ihre dynamische Wirkung den Funken ausblasen (Fig. 51). Bei Drehstrom oder Einphasenstrom, bei denen die Stromstärke periodisch durch Null hindurchgeht, brauchen derartige Blasmagnete für die Steuerwalzen nicht vorgesehen zu werden, da die Funken schneller abreißen als bei Gleichstrom.

Die dem Verschleiß unterworfenen Teile lassen sich leicht und mit sehr geringen Kosten auswechseln. Mit wenigen Handgriffen kann man das Innere des Apparates nach Aufklappen des Gehäuses freilegen und dann nötigenfalls die ganze Schaltwalze nach oben herausheben (Fig. 52). Man hat dann, ohne daß man die Kontaktsegmente abzunehmen oder die Verbindungsleitungen zu lösen braucht, nur die an den Abschaltstellen der Kontakte angeschraubten Kupferstücke auszuwechseln, was nach Lösen einiger Schnittschrauben in ganz kurzer Zeit geschehen kann. Dadurch, daß die Hämmer an der Vorderseite des Apparates angebracht sind, werden die Ersatzarbeiten außerordentlich erleichtert.

Antrieb. Als Antrieb für die Steuerwalzen wird das Handrad, der Hebel oder die Seilscheibe mit Seilen verwendet.

Als beste und überdies billigste Antriebsart ist das **Handrad** anzusehen, das meist wagerecht angeordnet wird. Das Handrad (vgl. Fig. 48) hat vor der sonst zuweilen verwendeten Kurbel und auch vor sämtlichen Seil- und Hebelantrieben den Vorzug, daß die Hand des Maschinisten einen großen Weg zurücklegt, ohne daß mechanische Zwischenglieder erforderlich sind. Das Wegfallen jeder durch Zwischenglieder bedingten Reibung bringt es mit sich, daß der Kranführer die Walze am besten in seiner Gewalt hat und jede einzelne Regelstellung durch das Sperrad genau fühlt. Ein Überschalten und besonders das darauf folgende Zurückgehen auf die vorhergehende Kontaktstellung, wodurch die Walze ganz besonders leidet, wird also vermieden. Auch ist es bei Verwendung des Handrades dem Führer unmöglich, sehr große Schaltwege auf einmal auszuführen, ohne nachzugreifen. Beim Antrieb durch das Handrad werden also die Steuerapparate und damit auch die Motoren am meisten geschont.

Bei Bedienung des Steuerapparates durch **Hebel** (Fig. 53 bis 56) hat der Führer für die einzelnen Stellungen der Schaltwalze nicht das gleiche sichere Gefühl wie bei der Handradsteuerung. Dagegen hat die Hebelsteuerung den Vorteil, daß man an der Abweichung des Hebels von der wagerechten oder

Fig. 53. Steuerwalze mit wagerechter Nullstellung des Hebels, für Hubwerke.

Fig. 54. Steuerwalze mit senkrechter Nullstellung des Hebels, für Fahrwerke.

senkrechten Lage sofort die Stellung der Schaltwalze erkennt. Außerdem kann man bei Hebelantrieb eine sogen. sympathische Steuerung erzielen, indem man den Hebel in der Nullage bei Hubwalzen wagerecht (Fig. 53), bei Fahrwalzen senkrecht anordnet (Fig. 54). Die Richtung, in welcher der Hebel aus der Nullage bewegt wird, gibt dann zugleich auch die Richtung der Lastbewegung an. Die Hebelsteuerung bietet ferner zuweilen eine Erleichterung, wenn von einem Führer mehrere Walzen bedient werden müssen.

Wenn mit Rücksicht auf die Übersichtlichkeit die Anzahl der Bedienungsteile für mehrere Steuerapparate möglichst beschränkt werden muß, empfiehlt sich die Vereinigung zweier Hebelsteuerungen zu einer sogen. **Universalsteuerung,** (Fig. 55 und 56). Diese Anordnung, bei welcher zwei Steuerapparate durch einen gemeinsamen Antrieb bedient werden, eignet sich für Krane, die

Fig. 55. Universalantrieb mit wagerechter Nullstellung zur gleichzeitigen Steuerung von senkrechten und wagerechten Bewegungen.

Fig. 56. Universalantrieb mit senkrechter Nullstellung zur gleichzeitigen Steuerung zweier wagerechter Bewegungen.

sehr schnell arbeiten müssen oder mit einer größeren Anzahl gleichzeitig arbeitender Motoren ausgerüstet sind. Ein Laufkran mit zwei Katzen, von denen jede einen Hubmotor und einen Katzfahrmotor hat, erhält z. B. für jede Katze eine Universalsteuerung und für den Kranfahrmotor eine Einzelsteuerung, so daß der Führer alle 5 Motoren mit nur drei Steuerhebeln leicht und übersichtlich steuern kann. Ebenso eignet sich die Universalsteuerung für solche Fälle, in denen eine mechanische Bremse unabhängig von der elektrischen Steuerung betätigt wird, wie dies häufig bei Drehkranen vorkommt. Der Führer hat dann nur zwei Teile zu bedienen, und zwar mit der rechten Hand die Steuerung für das Hub- und Drehwerk, mit der linken die mechanische Bremse.

Der Hebel der Universalsteuerung kann, wie die Figuren 55 und 56 zeigen, in zwei senkrecht aufeinander stehenden Ebenen A-A und B-B bewegt werden und dabei die eine oder die andere Steuerwalze oder auch beide gleichzeitig betätigen. Als Ruhestellung des gemeinsamen Steuerhebels kann sowohl die wagerechte, als auch die senkrechte Lage gewählt werden. Die Ausführung des Antriebes ist in beiden Fällen dieselbe, so daß sich die Ruhestellung des Hebels noch nachträglich ändern läßt und die gleichen Ersatzteile für beide Anordnungen verwendet werden können.

Der in Fig. 57 ersichtliche große **seitliche Steuerhebel** wird unter anderem wegen seiner kräftigen Ausführung für die in Fig. 36 dargestellte Steuerung verwendet, bei welcher das Bremsgestänge unmittelbar mit dem Steuerhebel verbunden ist. Er findet besonders zur Steuerung der Hubmotoren von Hafendrehkranen oder Haspeln Verwendung und ist den in diesen Betrieben schon vor Einführung des elektrischen Antriebs gebräuchlichen Steuerhebeln angepaßt. Der Führer regelt mit diesem Hebel alle Hub- und Senkbewegungen einschließlich des Bremsens und braucht außerdem nur die Drehbewegung zu steuern. Für diese empfiehlt sich die Verwendung eines wagerechten Handrades. Linksdrehen des Steuerrades bewirkt Linksschwenken, Rechtsdrehen ebenso Rechtsschwenken des Kranes. Die Gesamtsteuerung wird dadurch sehr einfach und übersichtlich: mit der rechten Hand leitet der Führer die Hub- und Senkbewegungen, mit der linken die Drehbewegungen.

Fig. 57. Steuerwalze mit seitlichem Hebel.

Die **Seilsteuerung**, bei welcher die Steuerwalzen gewöhnlich liegend angeordnet werden, kommt vor allem für die große Anzahl der Kleinhebezeuge in Betracht, also für Flaschenzüge und für Laufkatzen mit geringen Fahrgeschwindigkeiten, sowie für Kleinkrane, namentlich wenn sie in Lagerschuppen oder in den Seitenschiffen von Werkstätten und Gießereien verwendet werden. Auch findet man sie ab und zu bei mittleren und größeren Kranen, und zwar dann, wenn der Anbau eines Führerhauses wegen zu schwacher Benutzung oder mit Rücksicht auf die Ausnutzung des Profils vermieden werden soll. Dabei besteht die Voraussetzung, daß die Kranfahrgeschwindigkeit 1 m/sk nicht übersteigt, also der Führer ohne Schwierigkeiten dem Kran folgen kann.

Die herunterhängenden Seile haben den Nachteil, daß sie jedem Unberufenen zugänglich sind. Auch bleiben sie leicht während der Fahrt an irgend welchen Hindernissen hängen, wodurch der Antrieb der Walze beschädigt werden kann.

Ferner fehlt dem Führer bei der Seilsteuerung das feine Gefühl für die einzelnen Stellungen der Walze, so daß Schaltungen, die, wie z. B. Schaltung *h* und *e*, nur bei aufmerksamer und genauer Beachtung der Schaltstellung voll zur Geltung kommen, bei Seilbedienung nicht gut verwendbar sind. Dagegen treten diese Bedenken mehr zurück bei Schaltung *k* (Senkbremsung mit schwacher Fremderregung), sowie bei Schaltung *l*. Auch bei der als Schaltung *c* bezeichneten Umkehrung mit Nachlaufbremsung (vgl. S. 32) kann Seilsteuerung verwendet werden. Dies ist um so eher möglich, als diese Schaltung gegen ein Überschlagen der Nullstellung, wie es bei plötzlichem Loslassen der Zugseile häufig vorkommt, unempfindlich ist. Die Seilsteuerung empfiehlt sich nur für Motoren bis höchstens 20 PS. Im allgemeinen sollte man von der Seilsteuerung nur Gebrauch machen, wenn keine andere Lösung möglich ist. Muß man sich aber notgedrungen für diese Steuerung entscheiden, so ist stets darauf zu achten, daß ein Hauptausschalter vorgesehen wird, der die Möglichkeit bietet, bei Störungen an der Walze das Hebezeug sofort stillzusetzen. Am zweckmäßigsten wird dieser Schalter neben der Walze auf der Bühne des Hebezeuges angeordnet und ebenfalls durch herunterhängendes Seil betätigt.

14. Steuerapparate mit Kohlekontakten

Verwendungsgebiet. Wie schon auf S. 54 hervorgehoben wurde, haben die Siemens-Schuckertwerke für solche Betriebe, in denen die früher beschriebenen Steuerapparate mit Metallkontakten einer zu starken Abnutzung unterworfen sein werden, Steuerapparate mit Kohlekontakten in ganz besonders robuster Ausführung entworfen. Wie eine vielfache Erfahrung bestätigt hat, halten diese

Fig. 58. Umschalter mit Kohlekontakten, Abdeckung abgenommen.

Fig. 59. Steuerschalter mit Kohlekontakten. Abdeckung abgenommen.

Apparate auch dem rauhesten Betrieb stand. Naturgemäß sind sie in ihren Abmessungen größer und daher auch teurer als die normalen Steuerwalzen.

Fig. 60. Steuerschalter mit Kohlekontakten, mit seitlichem Hebel.

Aber es kann nicht dringend genug wiederholt werden: Bei wichtigen Hebezeugen, die stets betriebsfähig sein müssen und deren Stillstehen das ganze Werk schädigt, darf an den Kosten der Steuerapparate ebensowenig gespart werden, wie an denen des mechanischen Teils und der Motoren. Zu den Anlagen, bei denen dieser Gesichtspunkt unbedingt Beachtung verdient, gehören alle Hebezeuge mit 90-Minutenleistung der Motoren, wie Hüttenkrane, Förderhaspel, Rollgänge, schwere Schleppzüge usw. In besonders wichtigen Fällen sollte man die Steuerapparate mit Kohlekontakten auch in Anlagen mit Motoren für 60-Minutenleistung verwenden.

Falls die Motorleistungen gering sind und die Drehzahl nicht geregelt zu werden braucht, kann der **Umschalter mit Kohlekontakten** (Fig. 58) verwendet werden, vorausgesetzt, daß die beim Steuern durch Umschalter auftretenden Stromstöße von der Zentrale nicht störend empfunden werden. In allen anderen Fällen kommt der **Steuerschalter mit Kohlekontakten**, wie er in Fig. 59 und 60 abgebildet ist, in Frage.

Ausführung. Die Apparate sind, wie bereits mehrfach erwähnt wurde, derart kräftig gebaut, daß sie auch den stärksten Anforderungen gewachsen sind. Ein Hebezeug, dessen Motor für 90-Minutenleistung gewählt ist, und dessen Steuerapparat mit Kohlekontakt ausgerüstet ist, kann im angestrengtesten Betrieb Tag und Nacht arbeiten, ohne daß die Betriebsbereitschaft in Frage gestellt wird.

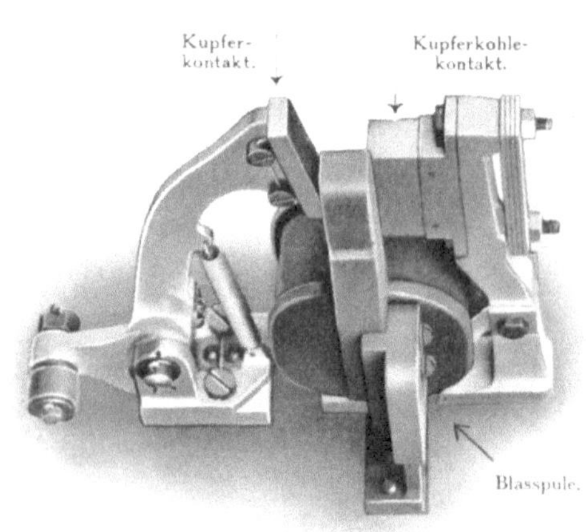

Fig. 61. Hammer für Steuerapparate mit Kohlekontakten.

Die Kontakte, die als Druckkontakte ausgebildet sind, bestehen aus einer feststehenden, leicht nachzustellenden und auswechselbaren Kupferkohle von vorzüglicher Leitfähigkeit und einem Kontakthammer mit gleichfalls auswechselbarem Kupferkontakt. Der Kontakthammer (Fig. 61), der in einem Scharnier beweglich ist, führt keine schleifende Bewegung aus, sondern er wird durch Drehen einer mit Kurvenringen versehenen Schaltwelle auf die Kohle aufgelegt oder von der Kohle abgehoben. Der Hauptvorteil dieser Anordnung besteht darin, daß die Sicherheit des Kontaktes auch dann bestehen bleibt, wenn die beiden den Kontakt bewirkenden Teile aus Kohle und Kupfer sich abnutzen. Die Kohle als der weichere Teil paßt ihre Kontaktfläche stets dem metallischen Gegenkontakt an, so daß auch bei einer Abnutzung des Metallkontaktes immer eine innige Berührung stattfindet. Ein mechanisches Abschleifen der Kohle, wie es bei einem Gleitkontakt eintreten würde, findet nicht statt. Ferner liegt der Hebelkontakt bei Stromschluß sofort mit der ganzen Fläche auf und hebt sich beim Öffnen gleichzeitig mit der ganzen Fläche ab. Da also der ganze Kontaktquerschnitt gleichmäßig belastet ist, so kann es kaum vorkommen, daß einzelne Stellen abbrennen. Zur Erhöhung der Lebensdauer der Kontakte wird im allgemeinen an jedem Kontakt ein magnetischer Funkenbläser (siehe Fig. 51) angebracht. Nur in leichteren Betrieben wird bei Drehstrommotoren auf die Funkenbläser an den Kontakten des Rotorstromes verzichtet. Hat nach längerem Betriebe die Abnutzung einen gewissen Grad erreicht, so können die Kohlen durch Einfügen von metallischen Unterlegplatten nachgestellt werden. Bei vollständiger Abnutzung können endlich leicht neue Kohlen oder neue Kupferkontakte eingesetzt werden. Mit Rücksicht hierauf ist das Schaltwerk von allen Seiten zugänglich an der Vorderseite des Apparates angebracht. Die einzelnen Schalter sind sämtlich aus den gleichen Elementen zusammengesetzt, so daß eine verhältnismäßig geringe Anzahl von Ersatzteilen genügt. Im Betriebe wird das Schaltwerk durch einen Schutzmantel abgedeckt.

Die Reihenfolge in der Betätigung der Hämmer ist von der Anordnung der Kurvenscheiben auf der Schaltwelle abhängig. Mit Hilfe dieser Scheiben können die verschiedensten Schaltungen ausgeführt werden.

Antrieb. Die Umschalter mit Kohlekontakten erhalten Handhebel, Traverse oder freies Wellenende.

Die Steuerschalter mit Kohlekontakten werden entweder mit Handrad (Fig. 59) oder wie in Fig. 60, mit seitlichem Hebel geliefert. Über beide Antriebe gilt das gleiche wie über den entsprechenden Antrieb bei Steuerwalzen (vgl. S. 56 und 58).

15. Schützensteuerung

Bei der Schützensteuerung werden die Schalter, durch die der Motor gesteuert wird, nicht unmittelbar durch ein vom Führer bedientes Antriebsmittel, sondern mittelbar mit Hilfe von sogenannten Schützen betätigt. Der Maschinist gibt also durch den Apparat, den er handhabt, nur den Befehl zum Steuern, während die Ausführung des Befehls durch das Schütz erfolgt. Die Schütze sind elektromagnetisch betätigte Kontakte, deren schwache Erregerströme von dem Führer durch eine kleine Schaltwalze, die sogenannte Meisterwalze, geschlossen und geöffnet werden.

Verwendungsgebiet. Die Schützensteuerung kommt in Frage:

wenn die Motorleistungen sehr beträchtlich sind,

wenn die Häufigkeit der Spiele sehr groß ist,

wenn gleichzeitig mehrere Apparate durch einen einzelnen Maschinisten zu bedienen sind,

aus Gründen der räumlichen Aufstellung.

Bei großen Motorleistungen kommt die Schützensteuerung dann in Frage, wenn ein unmittelbar betätigter Schalter zu umfangreich wird und von Hand nur mühsam zu bedienen sein würde.

Bei sehr großer Zahl von Arbeitsspielen, wie sie bei vielen Hüttenkranen, Rollgängen und ähnlichen Betrieben vorkommt, würde der Kranführer, selbst wenn es sich um keine besonders großen Motorleistungen handelt, durch die Betätigung der Steuerschalter so angestrengt werden, daß er eine Schicht nicht durchhalten kann und abgelöst werden muß. Die Verwendung der Schützensteuerung gestattet es, die ganze Schicht mit einem einzigen Führer durchzuhalten, also an Personal zu sparen.

Sollen mehrere Apparate gleichzeitig durch einen Führer bedient werden, wie dies oft bei den Hilfseinrichtungen von Walzenstraßen (Rollgang vor der Straße, Rollgang hinter der Straße, Kanter, Schere usw.), verlangt wird, so ermöglicht es die Schützensteuerung, infolge der leichten Handhabung der Meisterwalzen mit einem einzigen Maschinisten auszukommen, während sonst zwei bis drei Leute zur Bedienung erforderlich sind. Dies bringt nicht nur eine Lohnersparnis, sondern häufig auch eine Beschleunigung des Betriebes mit sich, da der eine Maschinist sämtliche Hilfsvorrichtungen gut übersieht und nicht auf Mitarbeiter zu warten braucht.

Bei Schützensteuerung wird endlich eine gute Zugänglichkeit der stark beanspruchten Kontakte dadurch erreicht, daß Meisterwalze und Schütze nicht mechanisch, sondern elektrisch miteinander verbunden sind. Die Schütze können also getrennt von der Meisterwalze, sei es im Führerstand selbst oder in einem getrennten Raume, angebracht werden. Wo immer also die Aufstellung des Schaltwerkes unabhängig vom Platze des Führers erwünscht oder notwendig ist, da ist die Schützensteuerung am Platze. Sie erleichtert die Beaufsichtigung und Auswechselung der Kontakte. In manchen Betrieben, z. B. in Walzwerken, wird man, vorausgesetzt, daß die Rücksicht auf die Leitungskosten es zuläßt, die Schütze für eine ganze Gruppe von Antrieben räumlich vereinigen können und damit das Instandhalten noch mehr erleichtern.

Für die Fälle, in denen man hiernach auf die Anwendung der Schützensteuerung angewiesen ist, stehen die im folgenden beschriebenen Apparate
zur Verfügung, die den schwierigen Betriebsbedingungen der Schützensteuerung
mit Sorgfalt und, wie vielfache Erfahrung zeigt, auch mit Erfolg angepaßt sind.

Anderseits muß aber darauf hingewiesen werden, daß die Verwendung
der Schützensteuerung nur in den eben genannten vier Fällen be-
rechtigt ist. Man darf nicht vergessen, daß eine zwangläufige mechanische
Betätigung der Schalter gegenüber der indirekten elektromagnetischen Betätigung unbedingt den Vorzug einer größeren Einfachheit und Übersichtlichkeit
bietet. Daher sollte man sich zur Anwendung der Schützensteuerung nur durch
zwingende Gründe bewegen lassen.

Ausführung. Die Meisterwalze wird ähnlich wie die normale Steuerwalze
ausgeführt (Fig. 62 und 63). Da diese Walze nur die schwachen Magnetisierungs-

Fig. 62. Einfache Meisterwalze.   Fig. 63. Meisterwalze mit Universalsteuerung.

ströme des Schützes zu schalten hat, so besitzt sie auch bei den größten
Leistungen kleine Abmessungen, sie läßt sich daher leicht und sicher bedienen
und ist selbst in schwierigen Betrieben so gut wie gar keiner Abnutzung
unterworfen.

Bei der Schützensteuerung können alle früher beschriebenen Schaltungen
angewendet werden.

Die Schütze (Fig. 64 und 65) sind
sehr kräftig ausgeführt. Jedes Schütz
hat eine den Schalter und das Magnet-
system tragende Grundplatte aus Eisen.

Fig. 64. Schütz für Gleichstrom,
Abdeckung abgenommen.

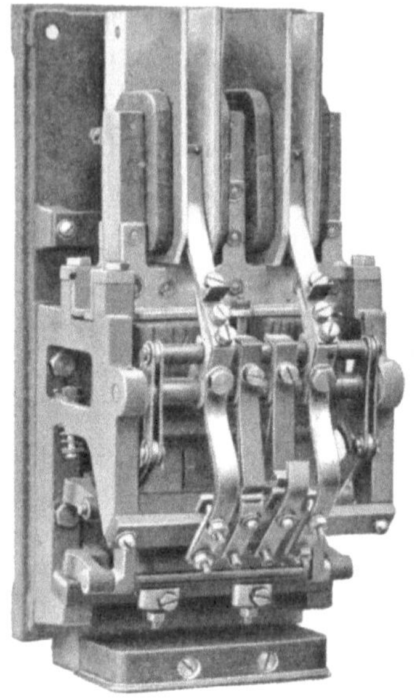

Fig. 65. Schütz für Drehstrom,
Abdeckung abgenommen.

Der Schalthebel ist in einem starken Scharnier beweglich und hat auswechselbare Kontaktstücke, die auch für dauernde Stromführung geeignet
sind. Der feste Kontakt besteht ebenso wie der des Schalthebels
aus Metall. Da der Elektromagnet den Schalter schnell schließt und
öffnet, so werden an den Kontakten des Schützes auch bei schleichender
Bewegung der Meisterwalze keine schädlichen Funken gezogen, und eine
stärkere Abnutzung der Kontakte wird vermieden. Jedes Schütz ist überdies mit einem kräftigen Funkenbläser versehen. Bei Wechselstrom und
Drehstrom wird das
Brummen, das sonst
leicht bei Wechsel-
strommagneten auf-
tritt, durch Kurzschluß-
windungen, die in den
Eisenkern eingefügt
sind und ein zweites,
phasenverschobenes
Kraftfeld erzeugen, ver-
hindert.

Das ganze Schütz
wird durch eine wider-
standsfähige Eisen-

Fig. 66. Schütze, auf Rahmen montiert.

kappe gegen mechanische Beschädigungen geschützt. Mehrere Schütze sollten immer zusammen auf Rahmen montiert werden und dann eine gemeinsame Abdeckung erhalten (vgl. Fig. 66). Die geringen Mehrkosten für die Anschaffung der Rahmen werden durch die Verringerung der Montagekosten und den Vorteil einer haltbareren Ausführung der Leitungsverbindungen bei weitem aufgewogen.

Antrieb. Die Meisterwalze wird mit den üblichen Antriebsarten versehen. Mit der Schützensteuerung kann also in vollständig gleicher Weise gearbeitet werden wie mit jeder Steuerwalze für direkte Bedienung.

16. Steuervorrichtungen für Leonardschaltung

Die Apparate für Leonardschaltung sind, da der von ihnen zu regelnde Strom für die Felderregung der Steuerdynamo **nur etwa 3%** des Hauptstromes beträgt, sehr klein und billig und auch bei größeren Leistungen leicht zu handhaben. Auch sind ihre Kontakte praktisch überhaupt keiner Abnutzung unterworfen. Die Apparate lassen sich mit Rücksicht auf den geringen zu regelnden Erregerstrom für sehr feinstufige Regelung ausführen.

Für die Steuerapparate können alle oben beschriebenen Handrad- und Hebelantriebe verwendet werden.

Die Steuerung mehrerer, nicht gleichzeitig arbeitender Motoren von einer einzigen Steuermaschine aus ist bereits auf S. 50 erwähnt. Fig. 67 zeigt einen dafür bestimmten Steuerapparat, wie er anstatt des sonst für einen derartigen Zweck in Frage kommenden mehrschlitzigen Steuerbockes meist auf Kranen verwendet wird.

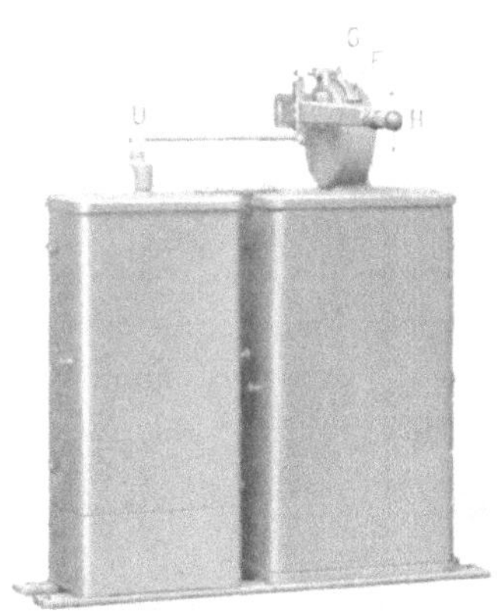

Fig. 67. Steuerwalze für Leonardschaltung zum Steuern zweier Motoren.

Der Hebel kann um einen kleinen Betrag nach rechts oder links bewegt werden, wobei die Steuerdynamo mit Hilfe der Umschalter U auf den einen oder den andern Motor geschaltet wird. Bei der senkrechten Bewegung des Hebels nach oben oder unten wird der betreffende Kranmotor in der einen oder andern Richtung gesteuert. Dabei wird der Umschalter dadurch in seiner Lage festgehalten, daß das Gleitstück G entweder rechts oder links von dem Führungsstück F entlanggleitet. Die Apparate zum Steuern mehrerer Motoren von einer Steuerdynamo aus werden auch mit Handradantrieb geliefert. Das Umschalten der Steuerdynamo von einem Motor auf den andern geschieht dann durch einen besonderen Handgriff, der nur in der Ruhestellung der Hauptwalze betätigt werden kann.

17. Widerstände

Bemessung. Bei den Widerständen ist zwischen der Ohmzahl und den räumlichen Abmessungen zu unterscheiden. Eine geringe Ohmzahl kann sehr wohl mit großen räumlichen Abmessungen verbunden sein, wenn es sich nämlich um große Stromstärken handelt.

Im bezug auf die Ohmzahl sind die Widerstände so bemessen, daß einerseits der gewünschte Anlaufstrom erreicht wird, anderseits die Drehzahl bei der geringsten vorkommenden Belastung nicht zu groß wird. In dieser Beziehung verhalten sich die Fahr- und Drehwerke anders als die Hubwerke. Bei den Fahr- und Drehwerken fällt die Möglichkeit einer zu großen Geschwindigkeit weg, da die Fahr- und Drehmotoren bei unbelastetem Kran kaum niedriger als mit etwa 50 bis 70 % des normalen Drehmomentes belastet werden. Der Vorschaltwiderstand richtet sich in diesem Falle allein nach dem erforderlichen Anfahrstrom. Dieser muß wegen der zu beschleunigenden Massen groß sein, so daß die Ohmzahl des Widerstandes gering zu wählen ist.

Bei den Hubmotoren spielt bei der Bemessung der Ohmzahl neben der Rücksicht auf den Anfahrstrom auch die Möglichkeit einer zu hohen Drehzahl eine Rolle. In der Regel muß sehr vorsichtig angefahren werden, so daß der Anfahrstrom geringer zu bemessen ist als bei Fahrwerken. Gleichzeitig muß verhindert werden, daß der Motor, der bei unbelastetem Haken nur mit 25 bis 30 % seines normalen Drehmomentes belastet ist, eine zu hohe Geschwindigkeit annimmt. Aus beiden Gründen ist die Ohmzahl des Widerstandes größer zu wählen als bei Fahr- und Drehwerken.

Die Abmessungen der Widerstände sind durch die Rücksicht auf die zulässige Erwärmung bestimmt. Sie sind so gewählt, daß die Widerstände von kaltem Zustand ausgehend drei Minuten lang mit dem Normalstrom belastet werden können, vorausgesetzt, daß sie nachher Zeit haben, sich abzukühlen.

Die Auswahl der Widerstände erfolgt in etwas anderer Weise als die der Motoren. Bei der Bemessung der Motoren für 30-, 45-, 60- oder 90-Minutenleistung war nach Seite 14 die Dauer und Häufigkeit der einzelnen Spiele maßgebend, d. h. das Verhältnis der Arbeitszeit des Motors zu der Zeit, in der sich die Spiele wiederholen. Bei den Widerständen ist dagegen außerdem noch das Verhältnis der Einschaltzeit des Widerstandes zur Arbeitszeit des Motors während eines Spieles maßgebend.

Die normale Leistung der Widerstände entspricht dem Betrieb mit 45-Minutenleistung des Motors, falls der Widerstand nicht besonders lange eingeschaltet bleibt. In leichten Betrieben können die Widerstände, wenn sie nur kurze Zeit eingeschaltet sind, geringer gewählt werden. In schwierigen

Betrieben können bei kurzzeitiger Einschaltung der Widerstände normale Typen verwendet werden, andernfalls sind die Widerstände reichlicher zu bemessen.

Die Widerstände werden als Drahtwiderstände oder als Gußeisenwiderstände ausgeführt. Drahtwiderstände werden verwendet, wenn es sich um kleine Stromstärken handelt oder ein unmittelbarer Anbau an die Steuerapparate erwünscht ist. Dieser Anbau verringert etwas die Kosten für Verbindungsleitungen und Montage, besonders bei Drehstromwalzen, die mehr Verbindungsleitungen zwischen Walzen und Widerständen erfordern als Gleichstromwalzen. Im allgemeinen ist jedoch auch bei Drahtwiderständen die getrennte Aufstellung zu empfehlen, da bei angebauten Widerständen der Platz im Führerkorb beengt wird und der Kranführer oft durch die von den Widerständen ausgestrahlte Wärme belästigt wird.

Drahtwiderstände werden aus einem völlig zink- und eisenfreien Draht hergestellt, der gegen oxydierende Einwirkungen sehr widerstandsfähig ist und auch bei den wiederholten Erwärmungen nicht brüchig wird. Der Draht ist über Porzellan-Isolatoren auf Eisenrahmen straff aufgewickelt, (Fig. 68) so daß der Widerstand unempfindlich gegen Erschütterungen ist.

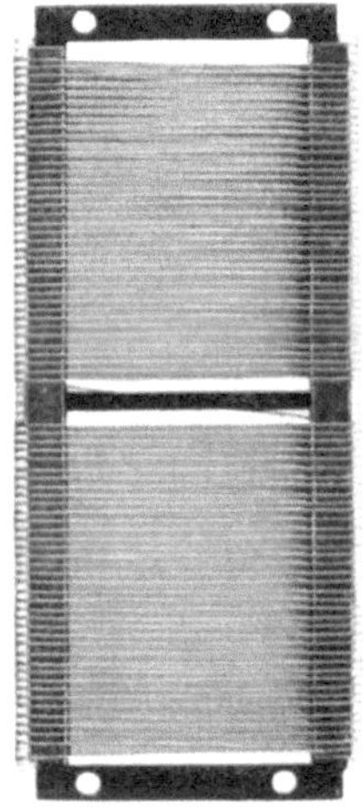

Fig. 68. Widerstandsrahmen zum Anbau an das Gehäuse der Steuerapparate.

Die Gußeisenwiderstände (Fig. 69 und 70) lassen sich nur getrennt von den Steuerapparaten aufstellen. Sie werden in einfachster Weise aus einzelnen Elementen zusammengesetzt, so daß wenige Ausführungen für die verschiedensten Fälle ausreichen. Jede Windung eines Widerstandselementes ist so fest eingespannt, daß die Widerstände auch in Betrieben mit starken Er-

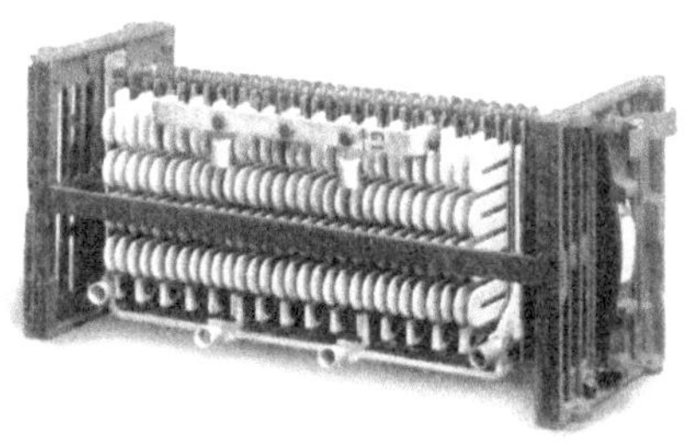

Fig. 69. Einzelner Gußeisenwiderstand.
Gehäuse abgenommen.

Fig. 70.
Doppel-Gußeisenwiderstand.

schütterungen ohne Nachteil verwendet werden können. Je zwei aufeinanderfolgende Windungen sind miteinander durch Schrauben verbunden, so daß der metallische Kontakt zwischen ihnen vollständig sichergestellt ist. Die Regelstufen können durch Verlegen der Anschlüsse nachträglich geändert werden.

Bei der Montage der Widerstände ist darauf zu achten, daß die Abführung der Wärme aus den einzelnen Widerstandskästen in keiner Weise gehindert wird. Die Widerstände sind also möglichst nebeneinander aufzustellen. Müssen aus Platzmangel die Kästen, wie in Fig. 70, übereinander angeordnet werden, so ist durch den Einbau von Zwischenstücken genügend Raum zu wahren und durch Anbringen von Leitblechen dafür zu sorgen, daß die kühle Luft bei allen Kästen auf der einen Seite zugeführt und auf der anderen abgeführt wird. (Fig. 70.)

Mit Rücksicht auf die Abkühlung ist es unter keinen Umständen zulässig, die Widerstände in vollständig abgeschlossenen Blechkästen unterzubringen. Als praktisch hat es sich dagegen erwiesen, in Betrieben, in denen das Hineinfallen von kleinen Schrauben, Metallspänen usw. zu befürchten ist, die oberste Seite des Widerstandes in etwa 100 mm Abstand durch ein Blech abzudecken.

V · BREMSMAGNETE

ie Haltebremsen werden, abgesehen von den Fällen, in denen die Geschwindigkeit durch Anziehen der Bremse durch den Führer geregelt werden soll, fast immer durch Elektromagnete betätigt. Diese Bremsmagnete haben die Aufgabe, durch Anziehen eines Eisenkernes das Bremsgewicht der Haltebremsen beim Einschalten des Motors zu heben und dadurch die Bremse zu lüften. Der Magnet bleibt die ganze Zeit, in welcher der Motor eingeschaltet ist, erregt und läßt das Bremsgewicht erst los, wenn sein Strom unterbrochen wird, was in der Regel gleichzeitig mit der Unterbrechung des Motorstromes geschieht. Die bremsende Wirkung wird also nicht durch magnetische Anziehung, sondern durch die auf das Bremsgewicht wirkende Schwerkraft ausgeübt.

Für das richtige Arbeiten der Bremse ist es von großer Wichtigkeit, daß die Zugkraft des Elektromagneten sorgfältig bemessen wird. Der Magnet muß auf der einen Seite so stark bemessen werden, daß er die ganze Hubarbeit, leisten kann, wobei das Kerngewicht des Magneten als ein Teil des Bremsgewichtes zu betrachten ist. Auf der andern Seite wäre es ein Fehler, den Elektromagneten mit Rücksicht auf Reserve für eine größere Hubarbeit zu bestellen, als es der wirklich benötigten Zugkraft entspricht. Der Elektromagnet zieht das Gewicht dann zu schnell an (er „schlägt") und läßt anderseits das Gewicht beim Einfallen der Bremse nicht schnell genug los (er „klebt").

Bei der wichtigen Aufgabe, welche der Bremse beim Betriebe von Hebezeugen zufällt, sind die zu ihrer Betätigung dienenden Magnete mit der größten Sorgfalt durchgebildet. Das sichere Arbeiten des Bremsmagneten ist indessen nur dann zu erwarten, wenn bei seinem Einbau streng darauf geachtet wird, daß alle beweglichen Teile freies Spiel haben und sich weder klemmen noch ecken. Auch muß bei Zugmagneten (siehe unten) vermieden werden, daß der Kern des Magneten, wie dies bei stärkerer Abnutzung der Bremse vorkommen kann, durch das Gehäuse des Magneten am Niedergehen verhindert wird, da sonst die Bremswirkung aufgehoben und der Elektromagnet, dessen Gehäuse dann die Stöße beim Einfallen des Gewichtes aufzunehmen hat, beschädigt wird. Nach einem von den Siemens-Schuckertwerken ausgebildeten Verfahren kann durch eine Klingel angezeigt werden, wenn die Bremse soweit abgenutzt ist, daß sie nachgestellt werden muß.

18. Gleichstrommagnete

Schaltung. Gleichstrom-Bremsmagnete werden als Hauptstrom- oder als Nebenschlußmagnete ausgeführt.

Der **Hauptstrommagnet** wird unmittelbar in den Ankerkreis des Motors gelegt, so daß keine besondere Zuleitung erforderlich ist (vgl. das Schaltungsbild Fig. 71). Dies ist häufig bei großer Länge der Schleifleitungen, z. B. bei Ver-

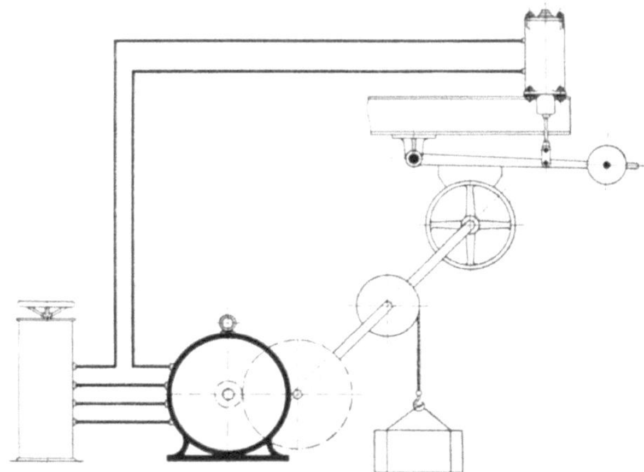

Fig. 71. Bremse mit Hauptstrom-Bremsmagnet.

ladebrücken, von Bedeutung. Diesem Vorteil steht aber der Nachteil gegenüber, daß der Magnet einen nicht zu unterschätzenden Spannungsabfall hervorruft. Außerdem ist der Hauptstrommagnet allen Schwankungen des Motorstromes mit unterworfen. Dies ist besonders störend bei Hubwerken, da bei diesen meist ein vorsichtiges Anfahren gefordert wird und der Anfahrstrom daher in der Regel nur etwa den dritten Teil des normalen Betriebsstromes beträgt. Der Magnet muß also so gewickelt sein, daß er bei diesem Strom die Bremse bereits lüftet und anderseits den vollen Betriebsstrom aushält. Dies führt dann zu großen Abmessungen des Bremsmagneten. Aus diesem Grunde wird fast allgemein bei Hubwerken von Verwendung von Hauptstrommagneten Abstand genommen. Bei Senkbremsschaltungen ist ein Hauptstrommagnet in allen Fällen ausgeschlossen, da der Motorstrom erst durch das Senken der Last in dem als Generator geschalteten Motor erzeugt wird und die Bremse bereits vorher gelüftet sein muß. Etwas günstiger liegen die Verhältnisse für den Hauptstrommagneten bei den Katzfahrwerken, die im allgemeinen etwa mit der halben normalen Stromstärke angelassen werden.

Am besten würde sich der Hauptstrombremsmagnet bei Kranfahrwerken ausnutzen lassen, da in diesem Falle die Belastung bei leerem Haken in der Regel nicht wesentlich kleiner ist als bei Vollast und daher im Augenblick des Anfahrens stets ein höherer Strom auftritt, der etwa 70 $^0/_0$ des normalen

Stromes beträgt. Infolgedessen sind die Bedingungen, unter denen die Hauptstrommagnete zu arbeiten haben, verhältnismäßig günstig.

Aber gerade bei Kranfahrwerken kommt der Hauptvorteil des Hauptstrommagneten, das Wegfallen einer besonderen Zuleitung, nicht zur Geltung, weil für Kranfahrwerke Schleifleitungen fast nie in Frage kommen. Auch der von mancher Seite betonte Vorteil des Hauptstrommagneten, daß er eine gewisse Sicherheit gegen das Durchgehen des Motors bietet, entbehrt meist der Berechtigung, da bei Fahrwerken fast nie eine zu hohe Drehzahl zu befürchten ist, bei Hubwerken aber das andauernde Steigen und Fallen der Bremsgewichte unerwünschte Stöße in das Triebwerk und gleichzeitig Unsicherheit in die ganze Steuerung bringt.

Der **Nebenschlußmagnet** (Fig. 72) wird durch einen besonderen, auf der Kontaktwalze angeordneten Kontaktring geschaltet und erfordert daher eine besondere Zuleitung, bei Endausschaltung (siehe Seite 76) sogar zwei be-

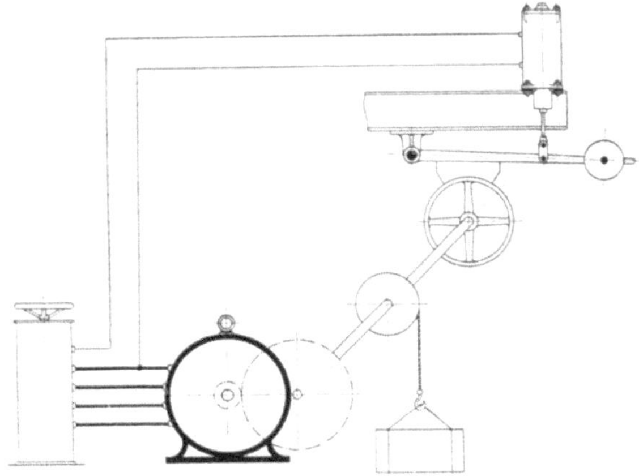

Fig. 72. Bremse mit Nebenschlußbremsmagnet.

sondere Zuleitungen. Da er parallel zum Motor liegt, so ist seine Stromstärke und damit das Lüften der Bremse unabhängig vom Strom des Motors, wodurch die Sicherheit der Steuerung günstig beeinflußt wird.

Der Nebenschlußmagnet wird daher weit häufiger verwendet als der Hauptstrommagnet. Für Senkbremsschaltungen kommt der Nebenschlußmagnet wie oben bei Besprechung des Hauptstrommagneten angegeben, allein in Betracht.

Belastungsfähigkeit. Die Belastungsfähigkeit ist bei den Gleichstrom-Bremsmagneten, ebenso wie bei den Motoren, durch die Erwärmung der Wicklung gegeben, wobei die Dauer und Häufigkeit der einzelnen Spiele maßgebend ist.

Die Hubarbeiten der einzelnen Modelle gelten für die am meisten vorkommenden Betriebe, in denen die Motoren für 30- und 40-Minutenleistung bemessen werden. Für angestrengte Betriebe, bei denen die Motoren für 60- und 90-Minutenleistung gewählt werden, sind Nebenschlußmagnete mit Sparschalter zu

Fig. 73. Zugbremsmagnet
für Gleichstrom.

verwenden. Dieser Sparschalter öffnet sich nach erfolgtem Anziehen selbsttätig und schaltet dadurch einen Widerstand vor die Magnetwicklung, wodurch der Stromverbrauch während der folgenden Zeit der Einschaltung herabgesetzt wird. Diese Magnete mit Sparschaltung werden auch verwendet, wenn die Magnete, ohne daß es sich um angestrengte Betriebe handelt, längere Zeit eingeschaltet bleiben, z. B. bei Fahrwerken von Verladebrücken, Portalkranen, Schiebebühnen mit größerer Fahrbahn und längerer Fahrtdauer.

Ausführung. Die Gleichstrom-Bremsmagnete werden als Zugbremsmagnete ausgeführt. Sie besitzen, wie Fig. 73 zeigt, ein allseitig staub- und regendicht geschlossenes Gehäuse, so daß sie auch im Freien aufgestellt werden können. Der Magnetkern ist durch den Boden hindurchgeführt und gleichzeitig als Kolben für den zur Vermeidung von Stößen dienenden Luftpuffer ausgebildet. Die Luftdämpfung kann durch Stellschrauben geregelt werden.

19. Drehstrommmagnete

Schaltung. Die Drehstrommagnete werden stets parallel zum Motor geschaltet. Sie werden dabei im allgemeinen unmittelbar an die Klemmen des Kranmotors gelegt und erfordern daher keine besonderen Zuleitungen. Dies führt bei der Ausführung des Bremsmagneten als Motormagnet dazu, daß sich der Drehsinn des Bremsmagneten gleichzeitig mit der Drehrichtung des Hauptmotors ändert. Die Übertragung vom Bremsmagnet auf die Bremse ist deswegen so eingerichtet, daß die Bremse bei beiden Drehrichtungen des Magneten in gleicher Weise betätigt wird. Eine Ausnahme hiervon bildet die Schaltung *e*, indem bei dieser ein Motormagnet in seiner einen Drehrichtung die Hubbremse, in der anderen Richtung die Senkbremse betätigt. Da er hierzu umgeschaltet werden muß, während der Kranmotor bei Schaltung *e* für Heben und Senken in gleicher Richtung geschaltet bleibt, so sind bei Schaltung *e* im Unterschied von den andern Drehstromschaltungen besondere Zuleitungen vom Steuerapparat zum Bremsmagneten erforderlich.

Belastungsfähigkeit. Bei der Bemessung von Bremsmagneten für Drehstrom besteht ein Unterschied zwischen den Zugmagneten und Motormagneten.

Die Zugmagnete für Drehstrom nehmen, wie alle Wechselstrom-Solenoidmagnete, jedesmal im Augenblick des Einschaltens verhältnismäßig viel Strom auf, der dann äußerst rasch auf einen sehr geringen Betrag zurückgeht. Ihre Leistungsfähigkeit ist daher hauptsächlich davon abhängig, wie oft der Magnet von neuem eingeschaltet wird, während die Zeitdauer, während welcher er eingeschaltet bleibt, weniger ins Gewicht fällt. Mit Rücksicht auf den geringen Stromverbrauch nach erfolgtem Anziehen sind die Drehstrom-Zugmagnete mit nur wenig verringerter Leistung für Dauereinschaltung geeignet. Die Zugmagnete werden auch da vorgezogen, wo die Magnete selten, aber lange Zeit eingeschaltet werden, so daß der Betrieb einer Dauereinschaltung ähnlich ist. Der Stromstoß, der beim Einschalten auftritt, fällt dann bei der Frage der Belastungsfähigkeit überhaupt nicht ins Gewicht.

Die Hubarbeiten der Zugmagnete für Drehstrom gelten für nicht zu häufiges Einschalten, wie es etwa einer 30- und 45-Minutenleistung des Motors entspricht. In Betrieben mit 60- und 90-Minutenleistung der Motoren müssen größere Typen verwendet werden als es an sich mit Rücksicht auf die Hubarbeit nötig wäre. Indem dann die Hubhöhe dieser Typen geringer gemacht wird als bei den normalen Ausführungen, wird die Einschaltstromstärke und damit die Erwärmung wesentlich herabgesetzt. Um bei einer Störung durch Klemmen des Bremsgestänges oder dergleichen ein Durchbrennen der Wicklung zu vermeiden, sind die Magnete mit Rücksicht auf die hohe Stromstärke, die beim Anziehen aufgenommen wird, durch Schmelzsicherungen besonders zu schützen.

Die Motorbremsmagnete werden verwendet, wenn der starke Stromstoß beim Einschalten und der dadurch verursachte Spannungsabfall vermieden werden soll. Über ihre Bemessung gilt das gleiche wie für Gleichstrommagnete. Sollen Motorbremsmagnete für Dauereinschaltung verwendet werden, so müssen sie besonders gewickelt werden. Man wird jedoch bei Dauereinschaltung wie oben erwähnt, meist dem Zugmagneten den Vorzug geben.

Ausführung. Die Zugmagnete zeichnen sich durch einfache und kräftige Bauart aus (vgl. Fig. 74). Wie bei den Gleichstrom-Bremsmagneten wird das

Fig. 74.
Zugbremsmagnet für Drehstrom.

Fig. 75.
Motorbremsmagnet für Drehstrom.

Lüften der Bremse dadurch bewirkt, daß ein Eisenkern in eine Spule hineingezogen wird. Die Wicklung ist in einem Gehäuse eingeschlossen, durch das sie gegen Spritzwasser geschützt ist. Bei Aufstellung im Freien empfiehlt es sich, den Magneten noch durch ein Blechdach an Ort und Stelle zu schützen. Die mit dem Kern verbundene Zugstange ist nach unten herausgeführt und betätigt einen Luftpuffer, der durch zwei Stellschrauben regelbar ist.

Die Motorbremsmagnete (Fig. 75) sind kräftig gebaut und mit einem vollständig geschlossenen Gehäuse versehen. Sie haben in einer Pufferfeder einen elastischen, aber äußerst widerstandsfähigen Anschlag, der den Hub begrenzt, und besitzen eine mechanische Dämpfungseinrichtung, die ein Pendeln des Kurbelzapfens in der Mittelstellung verhindert. Die Zahnräder sind dicht eingekapselt. Zur Schonung des Getriebes ist zwischen Motorwelle und Hubkurbel eine Rutschkupplung eingefügt, die aber nicht dauernd rutschen soll.

20. Einphasenstrommmagnete

Fig. 76. Zugmagnet für Einphasenstrom.

Schaltung. Die Bremsmagnete für Einphasenstrom werden parallel zum Motor geschaltet.

Belastungsfähigkeit. Über die Belastungsfähigkeit von Einphasenstrommagneten gilt dasselbe wie für die Zug- und Motormagnete für Drehstrom.

Ausführung. Die äußere Bauart der Bremsmagnete für Einphasenstrom entspricht den Bremsmagneten für Drehstrom. Für Einphasenstrom werden nur die Bremsmagnete kleinerer Leistungen als Zugbremsmagnete ausgeführt (Fig. 76). Für größere Leistungen werden Motorbremsmagnete gebaut, die ähnlich wie die Motorbremsmagnete für Drehstrom den Vorzug eines geringen Stromverbrauches beim Anheben besitzen. Sie ziehen schnell und sicher an und arbeiten im Unterschied von Einphasenstrom-Zugmagneten, bei denen ein Brummen des Ankers kaum zu vermeiden ist, geräuschlos.

VI · SICHERHEITS-VORRICHTUNGEN

ie Hebezeuge können durch Überfahren der Endstellungen, sowie durch übermäßiges Anwachsen der Geschwindigkeit oder der Stromstärke gefährdet werden. Je mehr durch das Streben nach immer größerer Beschleunigung im Güterverkehr und nach immer weiterer Steigerung der Leistungsfähigkeit industrieller Betriebe eine hohe Arbeitsgeschwindigkeit der Hebezeuge bedingt ist, um so größere Bedeutung gewinnen die Vorrichtungen, die eine Gefährdung des Hebezeuges verhindern.

Das Haupterfordernis für die Sicherheitsvorrichtungen ist vollständige Zuverlässigkeit. Fehler in den Sicherheitsvorrichtungen können bei dem hohen Werte der Güter, die von manchen Hebezeugen, wie z. B. von modernen Hüttenkranen oder großen Werftkranen gefördert werden, schwerwiegende Folgen nach sich ziehen. Erfahrungsgemäß wird die Überwachung von Apparaten, die nur selten in Tätigkeit treten, oft vernachlässigt. Damit man also sicher ist, daß die Sicherheitsvorrichtungen im Augenblick der Gefahr in Tätigkeit treten, werden die Apparate so einfach ausgebildet, daß die gewöhnliche Besichtigung, wie sie auch bei andern Teilen des Hebezeuges von Zeit zu Zeit erfolgt, vollständig genügt.

21. Begrenzung der Endstellungen

Zur Begrenzung der Endstellungen genügen bei Fahrwerken mit geringen Fahrgeschwindigkeiten, z. B. bei Laufkatzen auf Kranen von geringer Spannweite, in der Regel einfache Puffer, besonders dann, wenn der Führer an der Bewegung teilnimmt und dadurch im allgemeinen von selbst schon veranlaßt wird, das Fahrwerk vorsichtig zu steuern. Auch ist bei Fahrwerken nicht zu befürchten, daß die noch in Bewegung befindlichen Massen des Motors beim schnellen Stillsetzen des Hebezeuges zu einer Beschädigung des Triebwerkes führen, da die Räder die Möglichkeit haben, auf den Schienen zu gleiten.

Bei Kranfahrwerken mit größeren Geschwindigkeiten ist im allgemeinen eine Begrenzung des Weges erforderlich. Ebenso ist bei Hubwerken, auch bei solchen mit geringen Geschwindigkeiten, eine selbsttätige Begrenzung der höchsten Lasthakenstellung vorzusehen, da sonst beim Anfahren des Lasthakens

an das Eisengerüst des Krans die Tragorgane reißen oder die Konstruktions-
teile des Kranes brechen können, wodurch Menschenleben gefährdet werden.

Zur Begrenzung der Endstellung dienen die im folgenden beschriebenen
Verfahren und Vorrichtungen, die vielfach auch für betriebsmäßiges Ausschalten
gebraucht werden.

Endausschaltungen

Einfache Endausschaltung. Bei der einfachen Endausschaltung, wie sie
bei Fahrwerken für beide Endstellungen, bei Hubwerken meist nur für die
höchste Lasthakenstellung Verwendung findet, wird ein ein- oder zweipoliger
Endausschalter (Fig. 77) vorgesehen, der in bestimmter Entfernung vor der End-

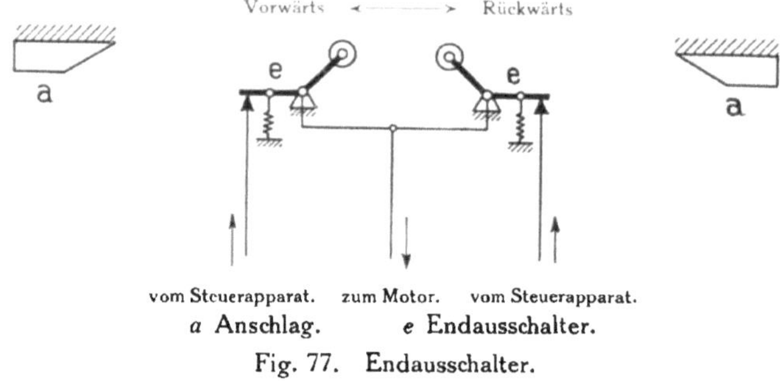

Fig. 77. Endausschalter.

stellung den Stromkreis des Motors und gegebenenfalls den des Bremsmagneten
für die gegebene Fahrtrichtung unterbricht. Der Führer hat dann die Möglichkeit, ohne weiteres zurückzufahren, wobei sich der Endausschalter beim Zurückgehen des Hebezeuges durch Einwirkung einer Feder selbsttätig wieder ein-
schaltet.

Die Entfernung vor der Endstellung ist dadurch gegeben, daß nach Unterbrechung des Motorstromes die Möglichkeit vorliegen muß, einen „Nachlaufweg"
zurückzulegen. Dieser muß um so größer gewählt werden, je größer die Geschwindigkeit und je schwächer die Bremswirkung ist.

Bei der beschriebenen Endausschaltung muß die Steuerwalze besondere
Kontaktringe für die Endausschalter erhalten. Wird auf die Möglichkeit, ohne
Weiteres zurückfahren zu können, kein Wert gelegt, so kann man unter Verwen-
dung der gewöhnlichen Ausführung des Steuerapparates einen Endausschalter ohne
selbsttätige Wiedereinschaltung vor den Motor legen. Dieser ist dann durch den
Führer, der dazu seinen Platz verlassen muß, von Hand wieder einzulegen. Der
Führer wird, um sich diese umständliche Handhabung zu ersparen, eine Über-
schreitung der Endstellungen nach Möglichkeit vermeiden. Diese Form der

Endausschaltung kann noch nachträglich ohne Auswechslung oder Abänderung der Steuerwalze zur Anwendung gebracht werden.

Endausschaltung mit Umgehungsschaltung. Soll die Möglichkeit gegeben sein, nicht nur zurückzufahren, sondern auch in der alten Richtung weiterzufahren und auf die Weise den Nachlaufweg, der sonst für das Manövrieren verloren ist, wiedergewinnen, so wird eine Umgehungsschaltung (Fig. 78) angewendet. Bei dieser schließt man einen parallel zum Endausschalter liegenden Schalter und hebt dadurch die Wirkung des Endausschalters wieder auf. Diese Umgehungsschaltung kommt bei Fahrwerken in Frage, bei denen häufig in der Nähe der äußersten Endstellungen manövriert werden muß, bei Hubwerken dann, wenn es sich darum handelt, das freie Profil möglichst vollständig auszunutzen.

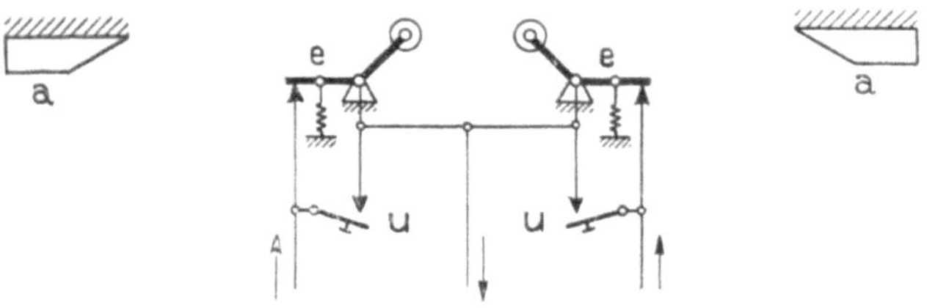

vom Steuerapparat.   zum Motor.   vom Steuerapparat.

a Anschlag.   e Endausschalter.   u Umgehungsschalter.

Fig. 78. Endausschalter mit Umgehungsschaltung.

Sie wird gerade für die Begrenzung der höchsten Hakenstellung bei Hubwerken besonders wichtig, da der Endausschalter für den Nachlauf des leeren Hakens eingestellt werden muß, d. h. für einen Fall, bei dem die Geschwindigkeit besonders groß ist und nach dem Ausschalten die verzögernde Wirkung der Last fehlt, wo also der Nachlaufweg besonders groß ist. Der Umgehungsschalter wird gewöhnlich unmittelbar neben der zugehörigen Steuerwalze aufgestellt und von dem Führer durch Fußtritt betätigt. Der Schalter öffnet sich wieder, sobald der Führer den Fuß vom Fußtritthebel zurückzieht.

Stufen-Endausschaltung. Bei der Stufen-Endausschaltung wird durch besondere Vorrichtungen sichergestellt, daß die Geschwindigkeit auf der Strecke vor dem Endausschalter einen bestimmten Wert nicht überschreitet.

Mit sehr einfachen Mitteln wird dies durch die Schaltung mit Nebenwalze erreicht. Bei dieser Anordnung wird in einem bestimmten Abstand vor dem eigentlichen Endausschalter, der den Motor endgültig stillsetzt, ein zweiter Endausschalter betätigt, der den Motor vorläufig ausschaltet. Nachdem dann die Hauptwalze in Ruhestellung gedreht ist, kann der Führer durch Drehen einer Nebenwalze den Endausschalter überbrücken und den Motor durch die Hauptwalze wieder anlassen. Er hat dabei jedoch nur die Möglichkeit, die Hauptwalze bis zur zweiten oder dritten Stellung zu drehen, da eine weitere Drehung durch die Nebenwalze gesperrt wird. Die Geschwindigkeit bleibt infolgedessen auf dem Wege zwischen den beiden Endausschaltern immer unterhalb einer bestimmten Grenze, so daß sich, wenn der zweite Endausschalter in Tätigkeit tritt, nur ein geringer Nachlaufweg ergibt.

Bei der beschriebenen Schaltung wird der Motor durch den ersten Endausschalter in jedem Falle stillgesetzt, auch wenn die Geschwindigkeit den für die letzte Strecke des Weges vorgeschriebenen geringen Betrag nicht überschreitet. Außerdem muß außer der Hauptwalze noch eine besondere Nebenwalze betätigt werden. Beides wird bei einer von den Siemens-Schuckertwerken verwendeten Schaltung vermieden, bei welcher der Motorstrom in Abhängigkeit von der Geschwindigkeit nur dann unterbrochen wird, wenn die Stellung, in welcher der erste Endausschalter in Tätigkeit zu treten hat, mit einer Geschwindigkeit überfahren wird, die den zulässigen Wert übersteigt. Die Schaltung hat also den Vorteil, daß der Betrieb nicht unnötig unterbrochen wird. Um nach dem Stillsetzen wieder anfahren zu können, muß der Führer die Walze in die Ruhestellung zurückdrehen und von neuem einschalten. Hält er dann die Geschwindigkeit in der Fahrtrichtung bis zum zweiten Endausschalter in zulässigen Grenzen, so bleibt die Stromzuführung zum Motor bestehen. Andernfalls wird der Motor wieder abgeschaltet.

Auch durch einen von der Motorwelle oder einer Vorgelegewelle angetriebenen Kopierapparat, der in kleinem Maßstabe die Bewegung des Hebezeuges wiederholt und mit Hilfe von Kurvenscheiben oder Kurvenstücken selbsttätig den Steuerapparat in die erforderliche Stellung bringt, läßt sich die Geschwindigkeit auf dem letzten Teil des Weges selbsttätig verringern. Ein derartiger Sicherheitsapparat ist bereits auf S. 48 bei der Leonardschaltung beschrieben worden. Bei Fahrwerken, bei denen der zurückgelegte Weg nicht in einem bestimmten Verhältnis zu den Umdrehungen des Motors steht, sind an Stelle des Kopierapparates Kurvenstücke auf der Bahn des Hebezeuges anzubringen, welche auf Endausschaltungs-Vorrichtungen wirken.

Ausführung der Endausschalter

Die Endausschalter werden je nach den Betriebsverhältnissen als Hauptstrom- oder Hilfsstrom-Endausschalter verwendet. Bei den Hauptstrom-Endausschaltern liegt der durch den Anschlag betätigte zweipolige Schalter im Stromkreis des Motors und des Bremsmagneten, das Triebwerk wird also durch unmittelbare Unterbrechung des Hauptstromes stillgesetzt. Bei den Hilfsstrom-Endausschaltern betätigt der Anschlag nur einen verhältnismäßig kleinen Hilfsstromschalter. Dieser schaltet seinerseits den Strom eines zweipoligen Schützes, durch welches der Strom des Motors und des Bremsmagneten unterbrochen wird.

Für die Beantwortung der Frage, ob Hauptstrom- oder Hilfsstrom-Endausschalter zu verwenden sind, sind dieselben Gesichtspunkte maßgebend, die bei der Wahl der Schützensteuerung auf S. 62 erörtert wurden. Bei häufigem Schalten, besonders also für betriebsmäßiges Schalten, sind Hilfsstrom-Endausschalter zu empfehlen, ebenso für große Motorleistungen, bei denen für den Hauptstrom-Endausschalter nur schwierig Platz geschaffen werden kann. Ebenso werden Hilfsstrom-Endausschalter verwendet, wenn die Entfernung bis zum Endausschalter so groß ist, daß eine den Hauptstrom führende Leitung zu teuer wird. Endlich sind Hilfsstrom-Endausschalter am Platze, wenn auf große Zugänglichkeit Wert gelegt wird. Das Schütz wird an einer beliebigen, gut zugänglichen Stelle, gewöhnlich im Führerhaus, untergebracht, so daß die dem Verschleiß unterworfenen Teile des Schützes leicht nachgesehen und ausgewechselt werden können. Der Hilfsstrom - Endausschalter selbst ist nur einer geringen Abnutzung unterworfen.

Man unterscheidet ferner in bezug auf den Antrieb Kurbel-Endausschalter und Spindel-Endausschalter. Die Kurbel-Endausschalter werden, wie in Fig. 77, durch einen Hebel in Verbindung mit einem Anschlag oder Kurvenstück betätigt, während die Spindel-Endausschalter nach Fig. 79 durch eine Wandermutter, die auf einer Spindel gleitet, geschaltet werden. Der Antrieb der Spindel selbst erfolgt mittels Kettenrad von einer passenden Welle des Vorgeleges aus. Für Fahrwerke kommen in der Regel Kurbel-Endausschalter

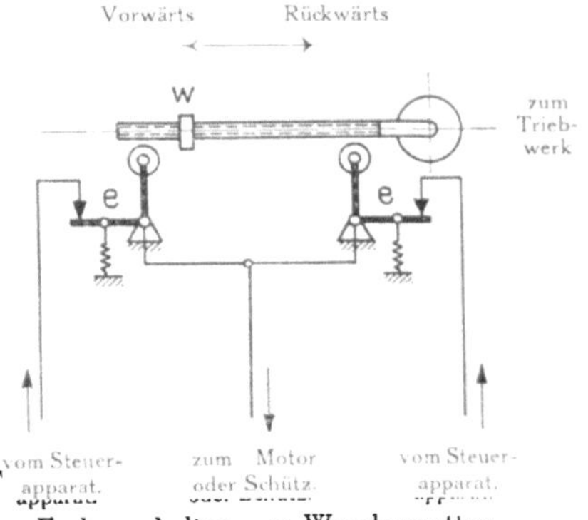

e Endausschalter. w Wandermutter.

Fig. 79. Spindel-Endausschalter,
durch Wandermutter betätigt.

in Frage, da die Anbringung von Kurvenstücken auf der Fahrbahn sehr bequem durchführbar ist. Für Hubwerke dagegen kommen hauptsächlich Spindel - Endausschalter in Betracht, da die Betätigung von Kurbel - Endausschaltern durch den Lasthaken unsicher sein und umständliche Hilfskonstruktionen bedingen würde.

Das Schaltwerk der Kurbel-Endausschalter besteht bei Hauptstromschaltern aus einer Walze, die zwischen feststehenden Kontakthämmern gedreht wird (vgl. Fig. 81). Um ein schnelles Abreißen der Unterbrechungsfunken zu erzielen und das Innere des Apparates gegen Feuchtigkeit zu schützen, liegen die Kontakte der Walze unter Öl. Das Ganze ist durch ein Gehäuse aus Gußeisen gegen äußere Beschädigungen geschützt. Die Kontakte sind unter Vermeidung von Holz oder ähnlichem Material isoliert auf der Welle befestigt. Die Kontakthämmer lassen sich leicht nachstellen. Sie besitzen auswechselbare Köpfe und können auch als Ganzes ausgewechselt werden. Eine Springvorrichtung sorgt dafür, daß das Ausschalten und Wiedereinschalten momentan geschieht. Das ganze Schaltwerk ist am Gehäusedeckel angebracht und hängt in die Ölfüllung hinein. Durch Abheben des Deckels wird das Schaltwerk vollkommen freigelegt, so daß es für Besichtigungen leicht zugänglich ist. Die Anschlußklemmen sitzen seitlich am Deckel und sind durch kräftige Gußkappen abgedeckt. Der ganze Apparat kann leicht in jedes Triebwerk eingebaut werden.

Fig. 80. Kurbel-Endausschalter
(Hauptstrom-Endausschalter).

Fig. 81. Kurbel-Endausschalter,
Gehäusedeckel abgehoben.

Die Kurbel-Endausschalter für Hilfsstromschaltung sind gewöhnliche Momentschalter mit kupfernen Schneiden und Kontakten. Sie haben nur die schwachen Hilfsströme zu schalten.

Die Spindel-Endausschalter (Fig. 82), die durch Spindel und Wandermutter betätigt werden, kommen als Hilfsstrom-Endausschalter zur Verwendung. Spindel, Wandermutter und Schalter liegen in einem kräftigen, mit Öl gefüllten Gußeisen-Gehäuse, das geringe Abmessungen besitzt und in jedes Triebwerk leicht eingebaut werden kann.

Fig. 82. Spindel-Endausschalter.

22. Begrenzung der Senkgeschwindigkeit

Eine Begrenzung der Geschwindigkeit ist nur beim Senken erforderlich, da die Motoren beim Heben, Drehen und Fahren immer genügend belastet sind, ihre Drehzahl also das zulässige Maß nicht überschreitet.

Man kann eine zu hohe Senkgeschwindigkeit durch die Wahl besonderer Steuerungen, z. B. der Schaltung *l* bei Gleichstrom (Seite 40) und der Schaltung *ag* bei Drehstrom (Seite 44) von vornherein ausschließen. Man wird daher diesen Schaltungen vielfach den Vorzug geben. Bei den übrigen Schaltungen müssen die im folgenden beschriebenen Einrichtungen verwendet werden, die entweder die Überschreitung der Geschwindigkeit rechtzeitig anzeigen oder selbsttätig die Geschwindigkeit verringern, bezw. auf Null zurückführen. Diese Einrichtungen lassen sich auch sämtlich an schon in Betrieb befindlichen Kranen nachträglich anbringen.

Klingelzeichen. Zur rechtzeitigen Warnung vor Überschreitung der zulässigen Geschwindigkeit dient eine Fliehkraftklingel (Fig. 83). Diese wird, falls die Entfernung bis zum Führerstand nicht zu groß und das Arbeitsgeräusch nicht zu stark ist, am Motor oder an einer mit passender Drehzahl laufenden Vorgelegewelle angebracht. Wenn zu befürchten ist, daß sie bei dieser Anordnung nicht mit Sicherheit im Führerhaus zu hören ist, wird die Klingel im Führerhaus oder in seiner Nähe angebracht und durch einen Hilfsstrom in Tätigkeit gesetzt, der durch einen Fliehkraftschalter (Fig. 84) geschlossen wird. Dieser Fliehkraftschalter wird für alle Stromarten gebaut.

Fig. 83.
Fliehkraftklingel.

Fig. 84.
Fliehkraftschalter.

Selbsttätige Verringerung der Geschwindigkeit. Man kann den erwähnten Fliehkraftschalter auch in den Stromkreis der Bremse legen. Bei einer bestimmten Drehzahl fällt dann die Bremse ein, und die Geschwindigkeit wird selbsttätig verringert. Sobald die Drehzahl dann auf den normalen Betrag gesunken ist, schließt der Fliehkraftschalter den Stromkreis des Bremsmagneten wieder, und die Bremse wird selbsttätig wieder gelüftet (D. R. P.). Auf diese Weise wird die Betriebsbereitschaft niemals unterbrochen. Damit Stöße beim Einfallen der Bremse vermieden werden, darf das Moment der Bremse nicht zu groß sein und im allgemeinen etwa das Doppelte des Motordrehmomentes nicht überschreiten. Man hat also gegebenenfalls statt eines einzigen schweren Bremsgewichts zwei leichtere Gewichte zu wählen, von denen jedes durch einen besonderen Bremsmagnet zum Einfallen gebracht wird. Die Magnete werden so geschaltet, daß beim betriebsmäßigen Lüften der Haltebremse beide Bremsmagnete in Tätigkeit treten, während beim Überschreiten der höchsten Drehzahl nur der eine ausgeschaltet wird.

Selbsttätiges Stillsetzen des Motors. Der in Fig. 84 abgebildete Fliehkraftschalter kann auch in Verbindung mit einem Schütz benutzt werden, um den Motor bei Überschreiten der höchsten Drehzahl selbsttätig stillzusetzen.

Ferner kommt zum selbsttätigen Stillsetzen des Motors der Sicherheitsschalter in Fig. 85 zur Verwendung. Dieser wird neben dem Triebwerk aufgestellt und von der Welle des Motors oder eines Vorgeleges angetrieben. Er schaltet bei Überschreitung der zulässigen Drehzahl den Motor vom Netz ab, wobei die mechanische Bremse einfällt. Für diese Einrichtung muß in der Steuerwalze ein besonderer Kontakt vorgesehen werden.

Fig. 85. Sicherheitsschalter.

Der Schalter ist in gleicher Weise für alle Stromarten verwendbar. Bei Gleichstrom bietet sich noch der Vorteil, daß auch beim Versagen der Bremse eine Sicherheit gegeben ist, indem der Anker beim Abschalten vom Netz als Generator geschaltet wird und dann bremsend wirkt.

Wenn der Schalter in Tätigkeit getreten ist, so ist er von Hand in die Betriebsstellung zurückzustellen, wozu sich der Führer jedesmal nach dem Hubwerk begeben muß. Diese umständliche Handhabung ist häufig insofern erwünscht, als sie dazu beiträgt, den Führer zum vorsichtigen Steuern anzuhalten.

Der Sicherheitsschalter ist in einem kleinen Gußgehäuse untergebracht. Dieses enthält bei Gleichstrom auch den zugehörigen Widerstand, der vor den als Generator geschalteten Motor gelegt wird.

23. Begrenzung des Stromes

Zur Begrenzung des Stromes bei elektrischen Kranen werden im allgemeinen die auch sonst üblichen Schmelzsicherungen verwendet.

Die Schmelzsicherungen genügen für nicht zu schweren Betrieb. Wo jedoch häufiges, rasches Einschalten und damit eine Überlastung des Motors zu erwarten ist und das Auswechseln von Schmelzsicherungen unliebsame Betriebsstörungen hervorrufen würde, wie z. B. in flotten Hüttenbetrieben, bei Hafenanlagen für Massengüterverkehr, werden mit Vorteil statt der Sicherungen Maximalausschalter gewählt (Fig. 86). Vor allem empfiehlt sich die Verwendung eines Maximalausschalters im Stromkreise des Hubmotors, und zwar nicht nur um den Motor zu schützen, sondern auch um eine unzulässige Beanspruchung der Kranträger oder eine Gefährdung des Hebezeuges, z. B. das Kippen bei Drehkranen, zu verhindern. Der Maximalausschalter unterbricht den Stromkreis sofort bei Überschreitung des eingestellten Höchststromes, während die Sicherungen immer erst eine gewisse Zeit nach Eintritt der Überschreitung des Höchststromes durchbrennen.

Die Kontakte der Maximalausschalter besitzen einen mit Kupferhämmern versehenen Funkenentzieher, der den Stromkreis beim Einschalten vor der Haupt-Kontaktbürste schließt und nach ihr öffnet. Der Funkenentzieher nimmt demnach die beim Schalten entstehenden Funken auf, so daß die Hauptkontakte stets blank bleiben. Magnete und Anker sind lamelliert. Da der bewegliche Anker im Schwerpunkte aufgehängt ist, so ist der Apparat gegen Stöße, wie sie in Hebezeugbetrieben auftreten, unempfindlich. Die Auslösestromstärke kann in weiten Grenzen eingestellt werden. Eine den Siemens-Schuckertwerken geschützte Einrichtung macht ein Wiedereinschalten unmöglich, solange die Überlastung oder der Kurzschluß andauert. Auch durch Festhalten des Handhebels in der Einschaltstellung kann die selbst-tätige Wirkung des Schalters in keiner Weise gehindert

Fig. 86. Maximal-ausschalter für Drehstrom.

werden. Die Maximalausschalter werden ebenso wie die Sicherungen zweckmäßig auf einer im Führerstand untergebrachten Schalttafel montiert, die gegebenen-falls außerdem noch die Instrumente zum Beobachten der Stromstärke enthält.

24. Verriegelung der Steuerbewegungen

Bei Schiebebühnen und Drehscheiben ist es nötig, in dem Zeitraum, in welchem die zu befördernde Last von dem beweglichen Gleis auf das feste Gleis übergeführt wird und umgekehrt, eine Steuerbewegung aus-zuschließen. Das Gleiche ist der Fall bei parallel laufenden Verladebrücken, deren Drehkran von einer Brücke zur anderen versetzt werden soll. In diesen Fällen wird die unveränderte Stellung des Hebezeuges oder der Transport-vorrichtung durch Riegel gesichert. Damit dann das Hebezeug nicht bei ein-gelegten Riegeln in Gang gesetzt werden kann, ist zwischen Steuerwalze und Riegeln eine solche Abhängigkeit geschaffen, daß es unmöglich wird, den be-treffenden Motor einzuschalten. Die in solchen Fällen erforderliche mechanische Vorrichtung wird am einfachsten zugleich mit dem gesamten mechanischen Teil hergestellt. In elektrischer Hinsicht ist dann nur der Steuerapparat in der nötigen Weise zu bauen, indem seine Welle zur Aufnahme der erforderlichen Sperrvorrichtungen in verlängerter Form ausgeführt oder sonst in geeigneter Weise durchgebildet wird.

Wie im vorstehenden gezeigt wurde, passen sich die elektrischen Kran-ausrüstungen der Siemens-Schuckertwerke den verschiedensten Zwecken und Betriebsverhältnissen an. Ihre Verwendung bei Hebezeugen wird durch den zweiten Teil dieser Druckschrift (Nr. 362) deutlich gemacht.

Elektrische Kranausrüstungen

der

Siemens-Schuckertwerke

nach 25 jähriger Entwickelung

Teil II

Beispiele ausgeführter Anlagen

Springer-Verlag Berlin Heidelberg GmbH 1913

Softcover reprint of the hardcover 1st edition 1913

ISBN 978-3-662-23783-0   ISBN 978-3-662-25886-6 (eBook)
DOI 10.1007/978-3-662-25886-6

Vorwort

Nachdem die elektrischen Kranausrüstungen der Siemens-Schuckertwerke in Druckschrift 361 Elektrische Kranausrüstungen der Siemens-Schuckertwerke, Teil I ausführlich nach Zweck, Aufbau und Wirkungsweise beschrieben sind, gibt die vorliegende Druckschrift 362 eine Übersicht über ausgeführte Anlagen. Diese Zusammenstellung zeigt, wie die Siemens-Schuckertwerke im Laufe einer 25jährigen Erfahrung ihre Hebezeugausrüstungen den mannigfaltigen Formen des modernen Betriebes angepaßt und in allen Teilen der Erde zur Anwendung gebracht haben.

Bei der großen Zahl der Hebezeuge, für welche die elektrischen Ausrüstungen der Siemens-Schuckertwerke Verwendung gefunden haben, mußte von vornherein darauf verzichtet werden, alle Anlagen einzeln aufzuführen. Die Darstellung beschränkt sich vielmehr darauf, typische Beispiele von den einzelnen bemerkenswerten Verwendungsarten zu bringen.

Die Zusammenstellung beginnt mit den Kleinhebezeugen, die lange vorwiegend von Hand betrieben wurden, jetzt aber in Folge der Verringerung der Kosten für den elektrischen Teil mehr und mehr mit elektrischem Antrieb versehen werden. Wie die angeführten Beispiele zeigen, haben die von den Siemens-Schuckertwerken ausgebildeten Ausrüstungen zu dieser Entwickelung wesentlich mit beigetragen.

Sodann wird an allen Arten von Kranen, wie Werkstattkranen, Gießereikranen, Lagerplatzkranen, Überladekranen, Hafenkranen, Werftkranen und Hüttenkranen gezeigt, wie sich die Hebezeugausrüstungen der Siemens-Schuckertwerke den besonderen Anforderungen der einzelnen Betriebe anpassen.

Bei den Verladeanlagen werden die immer mehr vordringenden Elektro-Hängebahnen berücksichtigt, deren Betrieb durch die Ausbildung von leichten und doch vollständig betriebssicheren und wirtschaftlichen Kleinmotoren und Kleinapparaten ermöglicht wurde. Die Darstellung wendet sich dann zu den Großanlagen, wie Verladebrücken und Waggonkippern, bei denen zum Teil mit Rücksicht auf die schwierigen Betriebsbedingungen, ebenso wie bei besonders beanspruchten Kranen, die Leonardschaltung Anwendung findet. Weiter werden die verschiedenen Arten von Rangiervorrichtungen behandelt.

Um zu zeigen, wie die elektrischen Ausrüstungen das gesamte Hebezeuggebiet von den kleinsten bis zu den größten Anlagen beherrschen, wird am Schluß als Gegenstück zu den im Anfang beschriebenen Kleinhebezeugen ein gegenwärtig im Bau befindlicher Riesenkran von 250 t Tragkraft dargestellt.

Laufkatzen

Mechanischer Teil gebaut von Gebr. Bolzani, Berlin

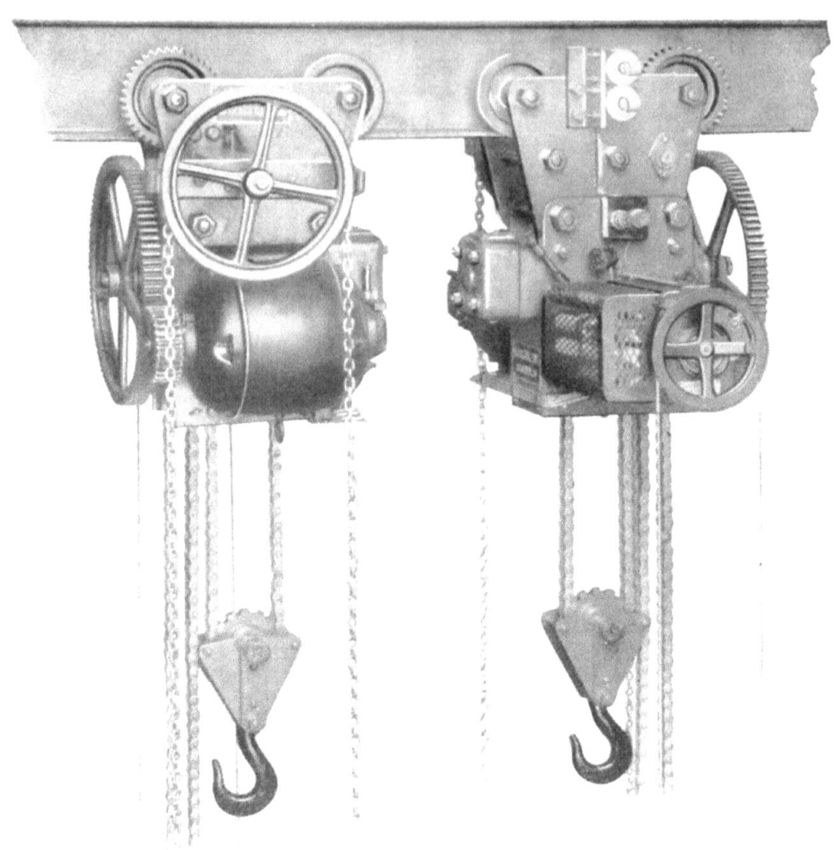

Die Katzen laufen auf dem unteren Flansch eines I-Trägers, auf dem sie von Hand mit Hilfe eines Haspelzuges vom Flur aus verfahren werden können.

Tragkraft	. . . .	1 t
Hub	. . . .	5 m
Hubgeschwindigkeit	. . . .	3 m min

Motor:

	PS	Drehzahl	Bauart	Stromart
Hubmotor	1,25	1000	offen	Gleichstrom von 220 Volt

Laufkatze mit Führerstand

Mechanischer Teil gebaut von F. Piechatzek,
Hebezeugfabrik, Berlin

Tragkraft . . . . . 0,8 t
Hubhöhe . . . . . 10 m
Hubgeschwindigkeit . 10,5 m/min
Fahrgeschwindigkeit . 75   „

Motoren:

Hubmotor . . . . 5,5 PS
Fahrmotor 3   „
  Bauart: offen
  Stromart: Drehstrom
  von 210 Volt, Frequenz 50

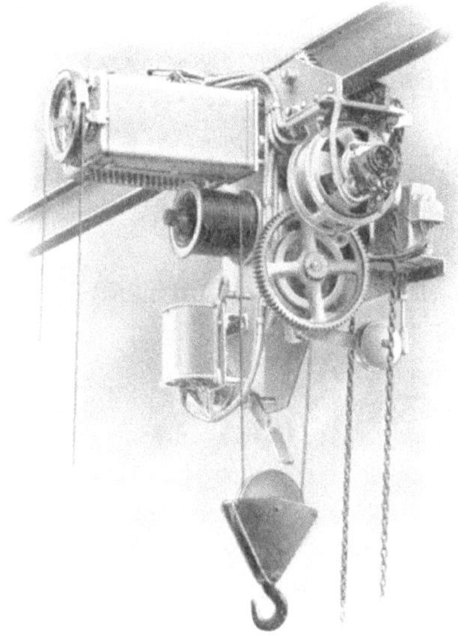

Laufkatze

Mechanischer Teil gebaut von F. Piechatzek,
Hebezeugfabrik, Berlin

Tragkraft . . . . . 0,3 t
Hubhöhe . . . . . 3 m
Hubgeschwindigkeit . 9 m/min

Motor:

Hubmotor . . . . 1,6 PS
  Bauart: offen
  Stromart: Drehstrom
  von 500 Volt, Frequenz 50

Laufkatze

Mechanischer Teil gebaut von E. Becker, Berlin-Reinickendorf

Tragkraft . . . . 0,3 t
Hubhöhe . . . . 3 m
Hubgeschwindigkeit . . . 9 m/min

Motor:

Hubmotor von 1,6 PS
Bauart: offen
Stromart: Drehstrom
von 500 Volt, Frequenz 50

Laufkatze

Mechanischer Teil gebaut von F. Piechatzek, Hebezeugfabrik, Berlin

Tragkraft . . . . 3,5 t
Hubhöhe . . . . 4,5 m
Hubgeschwindigkeit . . . 5 m/min
Fahrgeschwindigkeit . . . 50   „

Motoren:

Hubmotor von 5 PS
Fahrmotor „ 2,5 „
Bauart: geschlossen
Stromart: Gleichstrom
von 220 Volt.

Laufkatze

Mechanischer Teil gebaut von
Louis Neubauer,
Maschinenfabrik, Chemnitz i. S.

Tragkraft . . . . . 0,2 t
Hubhöhe . . . . . 3 m
Hubgeschwindigkeit . 11 m/min

Motor:

Hubmotor von 1,6 PS
Bauart: offen
Stromart: Drehstrom
von 500 Volt, Frequenz 50

Tragbare Winde

Mechanischer Teil gebaut von C. Rudolph & Co., Eisengießerei und Maschinenfabrik,
Magdeburg-Neustadt

Laufkrane

Mechanischer Teil gebaut von der Maschinenfabrik Augsburg-Nürnberg A. G.
für die Soc. Gén. de Constructions Mécaniques E. Garnier & Faure, La Courneuve

30 t-Laufkran

Tragkraft des Haupthubwerkes . . . . . 30 t
    „   „   Hilfshubwerkes . . . . . 10 t
Spannweite . . . . 17,5 m

Hubgeschwindigkeit . . . . 4 m/min   Katzfahrgeschwindigkeit . . . . . . 30 m/min
Hubgeschwindigkeit d. Hilfshubwerkes 9   „   Kranfahrgeschwindigkeit 80   „

Motoren	PS	Drehzahl	Bauart	Stromart
Hubmotor 41		735	geschlossen	Gleich-
Hilfshubmotor 31,5		725	„	strom
Katzfahrmotor 10,2		895	„	von
Kranfahrmotor 31,5		725	„	220 Volt

10 t-Laufkran

Tragkraft . . . . 10 t
Spannweite . . . . 17,5 m
Hubgeschwindigkeit . . . . 9 m/min
Katzfahrgeschwindigkeit 30   „
Kranfahrgeschwindigkeit 90   „

Motoren	PS	Drehzahl	Bauart	Stromart
Hubmotor 31,5		725	geschlossen	Gleich-
Katzfahrmotor 4,1		1175	„	strom von
Kranfahrmotor 14,7		700	„	220 Volt

Laufkran

Mechanischer Teil gebaut von Fried. Krupp A.-G. Grusonwerk, Magdeburg-Buckau, für die Gesellschaft des echten Naxos-Schmirgels Naxos-Union, Schmirgel-Dampfwerk Julius Pfungst, Frankfurt (Main)

Der Kran dient dem Werkstattbetriebe. Das Hubwerk kann, um kleine Lasten mit größerer Geschwindigkeit heben zu können, umgekuppelt werden.

Tragkraft	15	t
Spannweite	8,04	m
Gesamthubhöhe	7,3	,,
Hubgeschwindigkeit bei 15 t	3,7	m/min
Hubgeschwindigkeit bei 5 t nach Umkupplung des Hubwerkes	10,6	,,
Katzfahrgeschwindigkeit	20	,,
Kranfahrgeschwindigkeit	101,1	,,

Motoren:

	PS	Drehzahl	Bauart	Stromart
Hubmotor	18	960	ventiliert	Einphasenstrom
Katzfahrmotor	2,5	1000	gekapselte Reihenschluß-	240 Volt,
Kranfahrmotor	18	960	motoren	Frequenz 45,3

Lokomotivhebekran

Mechanischer Teil gebaut von Zobel, Neubert & Co., Schmalkalden, für die Königliche Eisenbahn-Hauptwerkstätte Erfurt

Der Kran besitzt zwei Hauptkatzen und eine Hilfskatze. Die Schaltung der Hubmotoren der beiden Hauptkatzen ermöglicht ein völlig gleichmäßiges Arbeiten der mechanisch voneinander unabhängigen Motoren, auch wenn die Last nicht gleichmäßig auf die beiden Hubwerke verteilt ist. Derartige Krane, deren elektrischer Teil von den Siemens-Schuckertwerken geliefert ist, sind bereits in einer Anzahl von 30 Stück gebaut.

Tragkraft jeder Hauptkatze	40 t	Hubgeschwindigkeit	1 m/min
Gesamte Tragkraft	80 „	Katzfahrgeschwindigkeit	10 „
Tragkraft der Hilfskatze	5 „	Kranfahrgeschwindigkeit	50 „
Spannweite	24 m	Heben an der Hilfskatze . . .	4 „
		Fahren der Hilfskatze	20 „

Motoren:

	PS	Drehzahl	Bauart	Stromart
2 Hubmotoren der Hauptkatzen	je 18,3	1250	geschlossen	Gleich-
2 Fahrmotoren „ „	„ 4,6	950	„	strom
Kranfahrmotor	42,5	970	„	von
Hubmotor der Hilfskatze	7	940	„	230
Fahrmotor „ „	1,8	980	„	Volt

Konsolkrane

Mechanischer Teil gebaut von der Maschinenfabrik Augsburg-Nürnberg A. G.
für das Nürnberger Werk der Siemens-Schuckertwerke

Die Eisenkonstruktion der Krane besteht aus Fachwerkträgern, die mit den Laufradträgern starr verbunden sind. Der Ausleger ist gegen Seitenschwankungen und den schrägen Zug der Last durch Verstrebungen gesichert. Ein Podium ermöglicht zum Zwecke einer Besichtigung den Zugang zum Antrieb des Kranfahrwerkes und zu der zurückgefahrenen Katze. Die Krane werden von einem seitlich angehängten Führerkorb aus gesteuert.

Tragkraft . . . . 3 t	Hubgeschwindigkeit . . . . 6—7 m/min.
Ausladung . . . . 6 m	Katzfahrgeschwindigkeit . . . . 15 „
Hubhöhe . . . . 8,5 „	Kranfahrgeschwindigkeit . . . . 80—90 „

Motoren:

	PS	Drehzahl	Bauart	Stromart
Hubmotor	7,5	510	offen	Gleichstrom
Katzfahrmotor	2,3	860	„	von
Kranfahrmotor	14	740	„	220 Volt

Laufkatze für Montagelaufkran

Mechanischer Teil gebaut von der Dampfkessel- und Gasometer-Fabrik A.-G. vorm. A. Wilke & Co.,
Braunschweig, für die Società Siderurgica di Savona, Genua

Tragkraft . . . . 40 t
Gesamthubhöhe . . . . 8 m
Hubgeschwindigkeit . . 2,3 m/min
Katzfahrgeschwindigkeit 27 „

Antrieb durch geschlossene Gleichstrommotoren für 500 Volt.

	PS	Drehzahl
Hubmotor	30,8	945
Fahrmotor	9	1520

Gießerei-Laufkran

Mechanischer Teil gebaut von Gebr. Weismüller, Maschinenfabrik, Frankfurt a./M.-Bockenheim
für Joh. Friedr. Mack, Eisengießerei, Frankfurt a./M.

Tragkraft .	10	t	Heben . .	2,5 m/min	Hubmotor . . .	10,5 PS	Drehzahl	715
Spannweite	11,5	m	Katzfahren	15 „	Katzfahrmotor ·	1,5 „	„	665
Hubhöhe .	6,5	„	Kranfahren	45 ,.	Kranfahrmotor ·	7,7 „	„	680

Laufdrehkrane

Mechanischer Teil gebaut von der Maschinenfabrik Augsburg-Nürnberg A. G. für Thyssen & Co.,
Maschinenfabrik A.-G., Mülheim (Ruhr)

Der im Gießereibetriebe arbeitende Kran hat einen an der Katze hängenden drehbaren Ausleger, der ihn befähigt, die ganze Gebäudegrundfläche mit dem Lasthaken zu bestreichen und überdies in das Feld des benachbarten Kranes hinüberzugreifen und von da Lasten aufzunehmen.

Tragkraft	30 t	Hubgeschwindigkeit bei 30 t .	4—5 m/min
Spannweite	13,2 m	Katzfahrgeschwindigkeit	15 „
Ausladung des Auslegers	4 „	Auslegerdrehen um 360° in . . .	45 sk
Hubhöhe	9 „	Kranfahrgeschwindigkeit	50 m/min

Motoren	PS	Drehzahl	Bauart	Stromart
Hubmotor	52	580	geschlossen	Drehstrom
Katzfahrmotor	15	960	„	von
Drehmotor	15	960	„	500 Volt
Kranfahrmotor	42	720	„	Frequenz 50

Vergütungskrane

Mechanischer Teil gebaut von den Skodawerken A.-G. Pilsen, für ihre Geschützfabrik in Pilsen,
elektrischer Teil geliefert von den Österreichischen Siemens-Schuckert-Werken, Wien

Die zum Härten von Geschützrohren bestimmten beiden Krane sind wegen
ihrer außerordentlich großen Senkgeschwindigkeit, sowie wegen der geringen,
zum Stillsetzen erforderlichen Zeitdauer bemerkenswert. Die größte Senkgeschwindigkeit ist nicht weniger als 7 mal so groß wie die normale Hubgeschwindigkeit. Das Anhalten von größter Senkgeschwindigkeit bis zum Stillstand
soll in 1,5 Sekunden erfolgen. Beim Senken treten mittlere Bremsleistungen
von 820 PS bei einem Höchstwert von 1800 PS auf. Diese Leistungen werden
in den als Generatoren arbeitenden Motoren in elektrische Energie umgesetzt
und auf diese Weise zurückgewonnen.

	30 t Kran	60 t Kran
Tragkraft des Haupthubwerkes	30 t	60 t
Tragkraft des Hilfshubwerkes	6 „	10 „
Spannweite	15,2 m	12,7 m
Hubhöhe	25 „	9 „
Hubgeschwindigkeit des Haupthubwerkes	24 m/min	12 m/min
Größte Senkgeschwindigkeit	180 „	90 „
Hubgeschwindigkeit des Hilfshubwerkes	48 „	30 „
Katzfahrgeschwindigkeit	15 „	15 „
Kranfahrgeschwindigkeit	30 „	30 „

Elektrische Ausrüstung

Motoren

	30 t Kran		60 t Kran	
	PS	Drehzahl	PS	Drehzahl
2 Hubmotoren in Reihe				
Leistung beim Heben	je 120		je 120	
„ „ Senken	„ 420		„ 420	
Drehzahl beim Heben		160		160
Größte Drehzahl beim Senken		1100		1100
Katzfahrmotor	13,8	550	25	550
Kranfahrmotor	28,5	550	42	640

Als Maßstab bei der Wahl der Größe der Motoren war an Stelle der Hubleistung die weit größere Bremsleistung beim Senken in Rücksicht zu ziehen.

Die Motoren für die beiden Hubwerke sind von offener Bauart, während die Katzfahr- und Kranfahrmotoren geschlossen ausgeführt sind.

Steuerung

Bei den außergewöhnlichen Anforderungen, die in bezug auf die Regelung dieser Krane vorlagen, konnte für das Haupthubwerk nur die Steuerung mit Leonardschaltung in Frage kommen, mit der sich solche schwierige Bedingungen in einfachster und vollkommenster Weise erfüllen lassen. Für jeden Kran ist eine Steuermaschine vorgesehen, die fest aufgestellt und mit dem Kran durch Schleifleitungen verbunden ist. Die Steuermaschinen enthalten

1 Drehstrom-Steuermotor von 210 PS, 330 Volt, Frequ. 50, Drehzahl 1470
1 Gleichstrom-Steuerdynamo von 137 KW, Spannung bis 1570 Volt.

Zum Senken mit der größten Geschwindigkeit wird die Spannung der Steuerdynamo erhöht und gleichzeitig das Feld der Hubmotoren auf die Hälfte geschwächt. Die beim Senken und hauptsächlich beim Abbremsen der rotierenden Massen gewonnene elektrische Energie überträgt sich von den als Generatoren arbeitenden Hubmotoren auf die Steuerdynamos. Diese treiben dann die Steuermotoren als asynchrone Generatoren an, so daß die Energie an das Drehstromnetz zurückgeliefert wird.

Neben den Haupthubmotoren werden auch die Hilfshubmotoren von den Steuerdynamos gesteuert. Diese können zu diesem Zwecke durch einen Umschalter entweder auf die Hauptmotoren oder auf die Hilfsmotoren geschaltet werden.

Die Katzfahr- und Kranfahrmotoren werden unmittelbar von dem Gleichstromnetz mit einer Spannung von 300 Volt gespeist.

Für jeden Kran sind zwei Führerhäuser vorgesehen, von denen das eine auf der Hüttensohle aufgestellt ist, während das andere am Kranträger befestigt ist.

Gießerei-Drehkran

Mechanischer Teil gebaut von Gebr. Scholten, Maschinenfabrik und Eisengießerei, Duisburg
für die Friedrich-Wilhelmshütte, Mülheim a. d. Ruhr

Der für den Gießereibetrieb bestimmte Kran ist in Rollen- und Kugel-
stützlager im vollen Kreise drehbar. Für den Motor ist mit Rücksicht auf den
rauhen Gießereibetrieb geschlossene Bauart gewählt.

Tragkraft . . . . 7,5 t
Hubhöhe 8   m
Ausladung 6   „
Hubgeschwindigkeit 3   m/min

Motor:

	PS	Drehzahl	Bauart	Stromart
Hubmotor	7,5	880	geschlossen	Gleichstrom von 500 Volt

Fahrbarer Drehkran

Mechanischer Teil gebaut von Carl Flohr, Maschinenfabrik, Berlin
für die Österreichischen Siemens-Schuckert-Werke, Wien,
elektrischer Teil geliefert von den Österreichischen Siemens-Schuckert-Werken, Wien

Der Kran dient zum Heben und Transportieren von Lasten, sowie zum Rangieren von Eisenbahnwagen. Auf dem kräftigen Unterwagen ist das Oberteil um einen Zentrierzapfen drehbar gelagert. Es trägt den Ausleger und enthält im geschlossenen Führerhaus das gesamte Hub- und Drehwerk sowie die Steuer- und Nebenapparate.

Tragkraft	3 t	Hubgeschwindigkeit	7,5	m/min
Ausladung	4,5 m	Drehgeschwindigkeit	40	„
Hubhöhe	6 „	Fahrgeschwindigkeit	100	„

Motoren:

	PS	Drehzahl	Bauart	Stromart
Hubmotor	9	800	offen	Gleichstrom
Drehmotor	5	730	„	von
2 Fahrmotoren	je 10	1100	geschlossen	110 Volt

2*

Fahrbarer Drehkran

Mechanischer Teil gebaut von Joh. Wilh. Spaeth, Maschinenfabrik und Eisengießerei, Nürnberg,
für die Luitpoldhütte, Königl. Bayerisches Bergamt Amberg

| Tragkraft . . 5 t | Ausladung . . . . 6 m | Motoren von 32, 20 und 4,7 PS |
| Hubhöhe . . 5 m | Hubgeschwindigkeit 20 m min | zum Heben, Fahren und Drehen |

Fahrbarer Velocipedkran

Mechanischer Teil gebaut von der Düsseldorfer Maschinenbau-A.-G., vorm. J. Losenhausen, Düsseldorf,
für Gebr. Andersen, Eisenkonstruktionen, Kiel

| Tragkraft . . 2,5 t | Hubmotor . . 4,2 PS Drehzahl 950 | Geschlossene Gleichstrom- |
| Ausladung . . 6 m | Kranfahrmotor 4,2 ,, ,, 950 | motoren für 220 Volt |

Überladekran

Mechanischer Teil gebaut von der Maschinenbau-Anstalt Humboldt, Cöln-Kalk
für den Bahnhof München-Gladbach

Tragkraft . . . . 40 t
Spannweite . . . . 8 m
Hubhöhe . . . . 6,5 „
Hubgeschwindigkeit . . . 0,4 m/min
Katzfahrgeschwindigkeit . 12 „

Antrieb durch geschlossene Gleichstrommotoren für 440 Volt

Hubmotor
7,5 PS   Drehzahl 740

Katzfahrmotor
4,6 PS   Drehzahl 750

Überladekran

Mechanischer Teil gebaut von Joh. Wilh. Spaeth, Maschinenfabrik und Eisengießerei, Nürnberg
für die Marmorindustrie Kiefersfelden, Oberbayern

Tragkraft . . . . 20 t
Spannweite . . . . 7,5 m
Hubhöhe . . . . 6 „
Hubgeschwindigkeit . . . . 2 m/min

Antrieb durch geschlossene Gleichstrommotoren für 440 Volt

Hubmotor
14,5 PS   Drehzahl 900

Katzfahrmotor
2,7 PS   Drehzahl 1195

Vollportalkran

Mechanischer Teil gebaut von der Mannheimer Maschinenfabrik Mohr und Federhaff, Mannheim
für die Mannheimer Dampfschleppschiffahrts-Gesellschaft, Mannheim

Gesamte Tragkraft . . . . 4 t		Ausladung . . . . 15 m	
Selbstgreifergewicht . . . . 2,1 „		Spurweite . . . . 11,5 „	

Hubgeschwindigkeit . . . . 42 m/min
Drehgeschwindigkeit . . . . 150 „
Kranfahrgeschwindigkeit . . . . . 30 „
Portalfahrgeschwindigkeit . . . . . 12 „

Motoren:

	PS	Drehzahl	Bauart	Stromart
Hubmotor	50	950	offen	Gleichstrom
Drehmotor	8,5	1180	„	von
Kranfahrmotor	9,8	735	geschlossen	220
Portalfahrmotor	9	950	„	Volt

Vollportalkrane

Mechanischer Teil gebaut vom Eisenwerk (vorm. Nagel & Kaemp) A.-G., Hamburg
für die Hafenanlage Santos

Die Anlage enthält neben dem oben abgebildeten Vollportalkran von 30 t
Tragkraft 22 fahrbare Vollportalkrane von 1,5 t Tragkraft, ferner drei derartige
Krane von 5 t Tragkraft. Das Fahrwerk der 1,5 t- und 5 t-Krane wird von Hand
betätigt. Bei dreizehn 1,5 t-Kranen ist eine Ausleger-Einziehvorrichtung vorhanden, die nach Umkupplung vom Hubmotor angetrieben wird.

	1,5 t-Krane	5 t-Krane	30 t-Kran
Ausladung	14,13 m	14,23 m	15 m
Hubgeschwindigkeit	36 m/min	30 m/min	6 m/min
Drehgeschwindigkeit	120 „	90 „	60 „
Fahrgeschwindigkeit	—	—	6 „

Motoren	PS	Drehzahl	PS	Drehzahl	PS	Drehzahl
Hubmotor	15	685	40	690	61,6	690
Drehmotor	4	685	7	680	12	850
Fahrmotor	—	—	—	—	11	850

Die Hub- und Drehmotoren sind von offener Bauart. Der Fahrmotor des
30 t-Krans ist geschlossen ausgeführt. Die Motoren werden durch Drehstrom
von 440 Volt, Frequenz 60, angetrieben.

Vollportalkrane

Mechanischer Teil gebaut vom Eisenwerk (vorm. Nagel & Kaemp) A.-G., Hamburg
für die Hafenanlage Lourenzo Marquez

Die Anlage enthält außer dem auf Seite 28 dargestellten, als Wippdrehkran ausgebildeten Vollportalkran den oben abgebildeten fahrbaren Vollportalkran von 20 t Tragkraft, ferner einen derartigen Kran von 10 t Tragkraft und vier solche von 5 t Tragkraft. Die Hub-, Dreh- und Fahrwerke werden sämtlich elektrisch angetrieben. Bei den zuletzt genannten Kranen ist ein Ausleger-Einziehwerk vorhanden, das nach Umkupplung vom Drehmotor angetrieben wird.

	20 t-Kran		10 t-Kran		5 t-Krane	
Ausladung	12 m		12 m		8—12 m	
Hubgeschwindigkeit	5 m/min		10 m/min		30 m/min	
Drehgeschwindigkeit	20 „		30 „		150 „	
Fahrgeschwindigkeit	4 „		10 „		10 „	
Dauer des Einziehens	—		—		2 min	

Motoren	PS	Drehzahl	PS	Drehzahl	PS	Drehzahl
Hubmotor	32	445	32	445	40	580
Drehmotor	14	760	7,5	830	7,5	830
Fahrmotor	7,5	830	7,5	830	5	830

Die Motoren sind von geschlossener Bauart und werden durch Gleichstrom von 500 Volt angetrieben.

Vollportalkran (Titankran)

Mechanischer Teil gebaut von der Maschinenfabrik Augsburg-Nürnberg A.-G.
für den Hafen Santa Cruz de la Palma

Der Kran enthält ein Portal mit rechteckiger Plattform, auf welcher der
Ausleger mit Hilfe eines Rollenkranzes gelagert ist. Das Gewicht wird von den
vier Eckpfosten des Portals auf Laufwagen übertragen. An den mittleren Wagen
befindet sich der Kranfahrantrieb. Hubwerk und Katzfahrwerk sind feststehend
auf dem Gegengewichtsarm angeordnet. Der Kranfahrmotor ist im Portal aufgestellt, das Drehwerk im mittleren Teil des Auslegers.

Tragkraft . . . . 50 t

Länge des Auslegerarmes	22 m	Hubgeschwindigkeit	2,8 m min
„ „ Gegengewichtarmes	10 „	Katzfahrgeschwindigkeit	20 „
Nutzbare Ausladung	17,9 „	Drehgeschwindigkeit	30 ⁰ min
Größte Trägerhöhe	3,6 „	Krahnfahrgeschwindigkeit	17 m min

Motoren:

	PS	Drehzahl	Bauart	Stromart
Hubmotor	54	370	geschlossen	Gleichstrom
Katzfahrmotor	30	725	„	von
Drehmotor	15	1300	„	360
Kranfahrmotor	54	800	„	Volt

Turm-Drehkran

Mechanischer Teil gebaut von der Maschinenfabrik Augsburg-Nürnberg A.-G.
für die Hafenanlage Hamburg

Der Kran wird hauptsächlich dazu benutzt, um Kohlenwagen in Schiffe
zu entleeren. An den großen Haken des Kranes wird zu diesem Zwecke mit
Hilfe eines Hängerahmens eine um eine horizontale Achse drehbare Kippbühne
gehängt. Mit der Bühne ist auf jeder Seite ein Rad aus Profileisen verbunden,
über welches eine von oben betätigte Krankette läuft. Durch diese Kette
wird die Bühne nach der einen oder anderen Richtung gekippt. Der Antriebs-
motor für die Kippbewegung ist oben auf dem Rahmen der Kippvorrichtung
angeordnet. Der Strom wird diesem Motor von der Laufkatze her durch ein
Kabel zugeführt, das sich auf einer Trommel selbsttätig auf- und abwickelt.

Tragkraft der Hauptwinde	75 t	Hubgeschwindigkeiten		
Tragkraft der Hilfswinde	7,5 „	Haupthubwerk	1,4	m/min
Größte Ausladung bei 75 t	22,25 m	Hilfshubwerk	10	„
Größte Ausladung bei 7,5 t	29,75 „	Katzfahrgeschwindigkeit	8—9	„
Hubhöhe	36 „	Dauer einer Umdrehung	5—6	min

Motoren	PS	Drehzahl	Bauart	Stromart
2 Hubmotoren der Hauptwinde	je 22,5	290	geschlossen	Gleichstrom
Hubmotor der Hilfswinde	30	730	„	von
Katzfahrmotor	24	850	„	440
Drehmotor	19	1250	„	Volt
Kippmotor	3	1200	„	

Hammerdrehkran

Mechanischer Teil gebaut von der Deutschen Maschinenfabrik A.-G., Duisburg
für die Lübecker Maschinenbau-Gesellschaft, Lübeck

Der Kran besteht aus einem im Fundamente gut verankerten Pyramiden-Stützgerüst von 15 m Höhe mit einem drehbaren Horizontalausleger von über 27 m Gesamtlänge. Die Katze kann auf dem Ausleger auf 16,5 m ausgefahren werden. Das Führerhaus im unteren Teil der Stützpyramide ist mit dem Ausleger durch ein zentrales Hängegerüst verbunden.

Tragkraft . . . . 10 t
Hubgeschwindigkeit . . . . 12 m/min
Katzfahrgeschwindigkeit . . . 25 „
Drehgeschwindigkeit . . . . 90 „

Motoren	PS	Drehzahl	Bauart	Stromart
Hubmotor	36	510	geschlossen	Gleichstrom
Katzfahrmotor	16	880	„	von
Drehmotor	16	880	„	220 Volt

Fahrbarer Drehkran

Mechanischer Teil gebaut von der Maschinenfabrik Emil Meyer & Co., G. m. b. H., Großenbaum
(Kreis Düsseldorf) für den Hafen des Steinkohlen-Bergwerkes Rheinpreußen, Homberg (Niederrhein)

Mit Hilfe einer am Lastseil hängenden Traverse werden die Spezialkübel mit den Kohlen aus den Eisenbahnwagen genommen, ins Schiff gelassen
und dort geöffnet.

Tragkraft	11 t	Ausladung	12 m
Stündliche Leistung	210 „	Hubhöhe	20 „

Hubgeschwindigkeit	24 m/min
Senkgeschwindigkeit	48 „
Drehgeschwindigkeit	1,5 Umdr./min
Fahrgeschwindigkeit	60 m/min

Motoren:

	PS	Drehzahl	Bauart	Stromart
Hubmotor	80	580	offen	Drehstrom
Drehmotor	10	960	„	von 500 Volt
Fahrmotor	30	720	geschlossen	Frequenz 50

Drehkrane

Mechanischer Teil gebaut vom Eisenwerk (vorm. Nagel & Kaemp) A.-G., Hamburg-Uhlenhorst
für die Quaiverwaltung in Hamburg

Die Anlage umfaßt 25 Krane am Amerika-Quai in Hamburg, die ursprünglich als Dampfkrane ausgeführt wurden und später für elektrischen Antrieb umgebaut sind. Der Strom wird den Kranen durch oberirdische Schleifleitungen zugeführt. Die Schleifkontakte sitzen auf einem am Fairbairn-Ausleger drehbar angeordneten Gasrohr. Die Krane werden von Hand verfahren.

<table>
<tr><td colspan="2">12 Krane</td><td colspan="2">13 Krane</td></tr>
<tr><td>Tragkraft</td><td>1,5 t</td><td>Tragkraft</td><td>2,5 t</td></tr>
<tr><td>Hubgeschwindigkeit</td><td>36 m/min</td><td>Hubgeschwindigkeit</td><td>36 m/min</td></tr>
<tr><td>Drehgeschwindigkeit</td><td>2 „</td><td>Drehgeschwindigkeit</td><td>2 „</td></tr>
</table>

	PS	Drehzahl		PS	Drehzahl
Hubmotor	14	530	Hubmotor	25	530
Drehmotor	5,6	530	Drehmotor	5,6	530

Die Motoren sind von geschlossener Bauart.
Sie werden durch Gleichstrom von 550 Volt betrieben.

Wipp-Drehkran

Mechanischer Teil gebaut vom Eisenwerk (vorm. Nagel & Kaemp) A.-G., Hamburg
für den Hafen Lourenzo Marquez

Der Kran dient zunächst zum Versenken von Betonklötzen beim Bau der
Kai-Mauer im Hafen von Lourenzo Marquez, sodann auch zum Entleeren großer
Kohlentransportgefäße von 40 t Inhalt. Er besitzt zwei Hubwerke, von denen
jedes entweder die Mittelflasche oder die Seitenflaschen bedienen kann. Beim
Heben der Gefäße sind beide Hubwerke durch eine Rutschkupplung verbunden.
Beim Kippen werden dann die Seiltrommeln für die Seitenflaschen gebremst
und die Mittelflasche weiter gehoben oder gesenkt.

Tragkraft . . . . 60 t

Ausladung bei Vollast . . . . . 6 bis 15 m

Hubgeschwindigkeit . . . . 4 m/min		Fahrgeschwindigkeit . . . . 10 m/min	
Drehgeschwindigkeit . . . . 30 „		Dauer des Einziehens um 9 m . . 10 min	

Motoren	PS	Drehzahl	Bauart	Stromart
2 Hubmotoren . . . . je 100		600	geschlossen	Gleichstrom
Drehmotor 19		470	„	von
Fahrmotor 43		450	„	500
Einziehmotor 32		540	„	Volt

Hammerwippkran

Mechanischer Teil gebaut von der Deutschen Maschinenfabrik A.-G., Duisburg
für das Reichs-Marineamt, Berlin, für die Hafenanlagen Tsingtau

Äußere Flasche:	Ausladung	6,5 bis 25 m über Uferkante
Tragkraft 50 t	Hub je nach Ausladung	43,25 „ 28 „ „ „
	Hubgeschwindigkeit	6 m/min

Innere Flasche:	Ausladung bei 150 t Belastung	4,93 bis 14 m über Uferkante
Tragkraft 150 t	Hub je nach Ausladung	34,4 „ 29,5 „ „ „
	Hubgeschwindigkeit	1,5 m/min

Zeit für vollständige Umdrehung des Auslegers . . . . 5 min
Zeit für Verstellen des Auslegers zwischen den äußersten Stellungen . . . . 10 „

Motoren	PS	Drehzahl	Bauart	Stromart
Hubmotor	110	480	geschlossen	Gleichstrom
2 Drehmotoren in Reihe . je	12,5	500	„	von
Einziehmotor	57	500	„	500 Volt

Wanddrehkrane

Mechanischer Teil gebaut von der Mannheimer Maschinenfabrik Mohr & Federhaff, Mannheim
für den staatlichen Hafen Buenos Aires

Die Anlage umfaßt 34 Wanddrehkrane, deren Ausleger aus Profileisen
bestehen, und deren unterer Spurzapfen sich mit Hilfe eines Spurlagers auf
ein Konsol aus Eisenbeton stützt.

Die Motoren stehen auf dem rückwärtigen Teil des Auslegers und arbeiten
auf Schneckengetriebe. Das Heben und Senken geschieht mit Hilfe von Seil
und Seilrollen. Die Laufkatze, die auf dem horizontalen Obergurt des Auslegers
läuft, wird ebenfalls durch Seil bewegt.

Tragkraft	1,5 t	Hubgeschwindigkeit	54 m/min
Hubhöhe	20 m	Drehgeschwindigkeit	
Größte Ausladung	7 „	bei 7 m Ausladung	45 „
Kleinste „	3 „	Katzfahrgeschwindigkeit	12 „

Motoren	PS	Drehzahl	Bauart	Stromart
Hubmotor	31,5	725	geschlossen	Gleichstrom
Drehmotor	1,05	660	„	von
Katzfahrmotor	1,05	660	„	440 Volt

Hellingkrane

Mechanischer Teil gebaut von der Maschinenfabrik Augsburg-Nürnberg A. G.,
für die Kaiserliche Werft zu Kiel

Für jede Längsseite eines im Helling zu erbauenden Schiffes ist ein Kran
fahrbar aufgestellt. Das Eisengerüst ruht auf acht Rollen und läßt unten
eine Eisenbahndurchfahrt frei. In dem Gerüst bewegt sich der drehbare Teil,
der oben den mit Gegengewicht versehenen Ausleger trägt. Auf dem langen
Auslegerarm läuft die Katze, deren Hubwerks- und Fahrwerksantrieb fest in
der Drehsäule untergebracht sind.

Tragkraft jedes Krans 6   t bei 12 m Ausladung

„   „   „   4,5 „ „ 18 „   „

„   „   „   3 „ „ 24 „   „

Höchste Hakenstellung über Schienenoberkante 26 m

Hubgeschwindigkeit . . . . . . 16 m/min		Katzfahrgeschwindigkeit . . . . 20 m min	
Drehgeschwindigkeit . . . . . . 120 „		Kranfahrgeschwindigkeit . . . . 60 „	

Motoren	PS	Drehzahl	Bauart	Stromart
Hubmotor	28	600	geschlossen	Gleichstrom
Drehmotor	7	730	„	von
Katzfahrmotor	6	950	„	220
Kranfahrmotor	20	1255	„	Volt

Hellinganlage

Mechanischer Teil gebaut von der Deutschen Maschinenfabrik A.-G., Duisburg
für Blohm & Voß, Kommanditgesellschaft a. A., Hamburg-Steinwärder

Die Anlage umfaßt zwei Kranbahnen mit Laufkranen, eine Kranbahn für
eine Laufkatze mit drehbarem Ausleger und einen Versatzkran.

Tragkraft der Krane	5 t	Spannweite der Laufkrane. . . .	11,96 m
Größte Kranbahnlänge	266 m	Ausladung des Auslegers	4,88 „

Hubgeschwindigkeit bei 5 t	24 m/min
„ „ 2,5 t nach Umschaltung . . .	48 „
Längsfahrgeschwindigkeit	60 „
Katzfahrgeschwindigkeit bei den Laufkranen	30 „
Zeit einer vollen Umdrehung des Auslegers	1,75 min

Motoren	PS	Drehzahl	Bauart	Stromart
Hubmotor	33	350	geschlossen	Gleich-strom von 440 Volt
Kranfahrmotor	10	560	„	
Katzfahrmotor	3	560	„	
Drehmotor	3	560	„	
Hubmotor des Versatzkranes .	33	675	„	
Fahrmotor des Versatzkranes .	15	840	„	

Hellinglaufkran

Mechanischer Teil gebaut von der Firma Schenck und Liebe-Harkort G. m. b. H., Düsseldorf

Der Kran ist als Dreimotorenlaufkran ausgebildet. Er dient zum Material-transport beim Bau von Schiffen.

Tragkraft	2,5	t
Spannweite	29	m
Gesamthubhöhe	25	,,
Hubgeschwindigkeit	10	m/min
Katzfahrgeschwindigkeit . .	35	,,
Kranfahrgeschwindigkeit . .	95	,,

Motoren:

	PS	Drehzahl	Bauart	Stromart
Hubmotor	9	580	geschlossen	Gleichstrom
Katzfahrmotor	2	760	,,	von
Kranfahrmotor	14	480	,,	400 Volt

Schwimmkran

Mechanischer Teil gebaut von der Deutschen Maschinenfabrik A.-G., Duisburg
für die Kaiserliche Werft zu Kiel

150 t - Hubwerk:	Ausladung bei 150 t	19	m
	„ „ 50 „	29,5	„
	Hubgeschwindigkeit bei 150 t	1,1	m/min
30 t - Hubwerk:	Höchstausladung	44	m
	Hubgeschwindigkeit	4	m/min
10 t - Schräglaufkatze:	Hubgeschwindigkeit	10	„
	Fahrgeschwindigkeit	25—50	„
Zeitdauer für Einziehen des belasteten Auslegers		8—15	min
„ „ Auslegen		6—8	„
„ „ vollständige Umdrehung des Auslegers		4—5	„

Elektrische Ausrüstung:

Motoren: 8 geschlossene Motoren von je 35 PS, Drehzahl 500, 220 Volt, davon je zwei am 150 t-Hubwerk und am Einziehwerk.

Steuerung: 2 in den Ponton eingebaute **Gleichstrom-Steuermaschinen (Leonardschaltung)** von 60 und 30 KW, 220 Volt, angetrieben durch eine Dampfturbine von 150 PS. Ein zweiter derartiger Maschinensatz dient als Reserve.

Muldenverteilungswinde

Mechanischer Teil gebaut von der Deutschen Maschinenfabrik A.-G., Duisburg
für den Georgs-Marien-Bergwerks- und Hütten-Verein A.-G., Georgsmarienhütte

Die auf einem T-Eisen laufende Winde dient dazu, die mit Schrott
gefüllten Chargiermulden vom Schrottlagerplatz nach dem Ofenhaus zu schaffen,
wo die Chargiermulden von den Muldenchargiermaschinen gefaßt und in die
Martinöfen entleert werden. Das gesamte Hub- und Fahrwerk ist auf einem
eisernen Rahmen untergebracht, an dem auch der Führerkorb hängt. Die
Tragbügel für die Mulden hängen an vier Seilen. Sie werden vom Führerhaus
gesteuert, d. h. von außen her unter die Mulden geschwenkt, die auf Roll-
wagen angefahren werden.

$$
\begin{array}{lll}
\text{Höchstbelastung} & \ldots\ldots & 6 & t \\
\text{Hubgeschwindigkeit} & \ldots\ldots & 6{,}7 & \text{m min} \\
\text{Fahrgeschwindigkeit} & \ldots\ldots & 132 & \text{,,}
\end{array}
$$

Motoren	PS	Drehzahl	Bauart	Stromart
Hubmotor	15,5	640	geschlossen	Gleichstrom
Fahrmotor	15,5	640	,,	von 500 Volt

Muldentransportkran

Mechanischer Teil gebaut von der Deutschen Maschinenfabrik A.-G., Duisburg,
für die Phönix Akt.-Ges. für Bergbau- und Hüttenbetrieb, Abteilung Hörder Verein, Hörde

Der Kran kann mit Hilfe zweier Tragbügel gleichzeitig drei gefüllte Mulden aufnehmen, um sie vom Schrottlagerplatz in die anstoßende Ofenhalle zu schaffen. Das Greifergehänge ist an einer starren Säule aufgehängt, die ihrerseits im Katzengerüst senkrecht geführt wird. Der das Muldengehänge tragende Teil der Katze ist auslegerartig gebaut und kann daher beim Querfahren soweit unter der linksseitigen Kranbahn hinwegreichen, daß die Mulden unmittelbar in der Ofenhalle abgesetzt werden können.

Tragkraft	7,5	t
Spannweite	14,8	m
Hubgeschwindigkeit	12,5	m/min
Katzfahrgeschwindigkeit	41,5	„
Kranfahrgeschwindigkeit	105	„

Motoren	PS	Drehzahl	Bauart	Stromart
Hubmotor	42	720	geschlossen	Drehstrom
Katzfahrmotor	11	950	„	von 220 Volt
Kranfahrmotor	42	720	„	Frequenz 50

Muldenchargierkran

Mechanischer Teil gebaut von der A.-G. Lauchhammer in Lauchhammer für ihr Eisenwerk Riesa

Der Kran besitzt außer den Fahrwerken ein Schräghubwerk, ein Vertikalhubwerk, ein Drehwerk und ein Muldenkippwerk. Eine Hilfskatze wird bei Ofenreparaturen, beim Einsetzen großer Stücke usw. benutzt.

Höchstgewicht des Muldeninhalts . . . 2 t   Tragkraft der Hilfskatze . . . . . . 10 t

Spannweite des Krans . . . . . 17,1 m

Kranfahren	80 m/min	Drehen um 360°	3 mal i. d. min
Katzfahren	35 „	Kippen der Mulde	16 „ „ „ „
Vertikalheben	5 „	Heben mit Hilfskatze . . .	7 m/min
Schrägheben	8 „	Fahren „ „ . . .	27 „

Motoren	PS	Drehzahl	Bauart	Stromart
Kranfahrmotor	30,5	840	geschlossen	
Katzfahrmotor	10,5	800	„	
Vertikalhubmotor	23,5	650	„	
Schräghubmotor	6,5	610	„	Gleichstrom
Drehmotor	5,7	600	„	von
Muldenkippmotor	6,5	610	„	240 Volt
Hubmotor der Hilfskatze . .	19,7	890	„	
Katzfahrmotor der Hilfskatze	3,5	800	„	

Muldenchargierkran

Mechanischer Teil gebaut von der Deutschen Maschinenfabrik A.-G., Duisburg
für Dorman, Long & Co., Port Clarence, England

Bei dem Kran sind folgende Bewegungen möglich: Heben des Schwengels, Drehen des Schwengels um die senkrechte Achse, Kippen der Mulde durch Drehen des Schwengels um die Längsachse, Verfahren der Katze und des Krans. Mit Hilfe einer Hilfskatze von 5 t Tragkraft können große Schrottstücke auf die Chargierschaufeln geladen oder Versatz- und Transportarbeiten vorgenommen werden.

Hubgeschwindigkeit	6 m/min
Drehen des Schwengels um senkr. Achse	2½ mal i. d. Min.
Kippen der Mulde	12 „ „ „ „
Katzfahrgeschwindigkeit	36 m/min
Kranfahrgeschwindigkeit	120 „
Hubgeschwindigkeit der Hilfskatze	6,6 „
Fahrgeschwindigkeit der Hilfskatze	28 „

Motoren	PS	Drehzahl	Bauart	Stromart
Hubmotor	19	790	geschlossen	
Drehmotor	3,4	770	„	
Kippmotor	7	740	„	Gleichstrom
Katzfahrmotor	7	740	„	von
Kranfahrmotor	28	740	„	220 Volt
Hubmotor der Hilfskatze	7	740	„	
Fahrmotor „ „	2,2	770	„	

Gießwagen

Mechanischer Teil gebaut von der Deutschen Maschinenfabrik A.-G., Duisburg
für die Gelsenkirchener Bergwerks-Akt.-Ges., Abt. Aachener Hüttenverein, Aachen-Rote Erde

Der Gießwagen besteht aus dem fahrbaren Unterwagen und dem Pfannenausleger mit der Pfanne, den Triebwerken und dem Führerstand. Der Pfannenausleger hängt an zwei Gelenkketten, die über zwei Rollen im Kopf einer genieteten Vierkant-Hohlsäule laufen, und kann mit diesen senkrecht bewegt werden, wobei er sich mit Hilfe von acht Rollen an der Säule führt. Diese ist mit dem ganzen Oberteil um eine zentrale, im Unterwagen festgemachte Königssäule drehbar.

Gewicht des Pfanneninhalts	20 t
Größte Ausladung der Pfanne . . .	4,25 m
Hubgeschwindigkeit	1,53 m/min
Drehen	1,68 mal i. d. min
Pfannenfahren	12,5 m/min
Pfannenkippen	1,98 mal i. d. min
Fahren des Gießwagens	62 m/min

Motoren:

	PS	Drehzahl	Bauart	Stromart
Hubmotor	47	735	geschlossen	Drehstrom
Drehmotor	15	960	,,	von
Pfannenkipp- und Pfannenfahrmotor	25	945	,,	325 Volt
2 Fahrmotoren . . . . je	75	730	,,	Frequenz 50

Gießlaufkran

Mechanischer Teil gebaut von der Deutschen Maschinenfabrik A.-G., Duisburg
für die „Gutehoffnungshütte", Aktienverein für Bergbau- und Hüttenbetrieb, Oberhausen (Rheinland)

Der Kran ist in normaler Weise mit obenlaufender Katze ausgebildet. An dieser sind besondere Führungsgerüste angebracht, in denen die Kranunterflasche mit den beiden Pfannenhaken geführt wird. Die Gießpfanne wird durch ein auf der Katze angeordnetes Hilfshubwerk gekippt.

Tragkraft	35	t
Spannweite	15,1	m
Hubgeschwindigkeit	7,8	m/min
Hilfsheben	3,9	„
Katzfahren	30	„
Kranfahren	120	„

Motoren	PS	Drehzahl	Bauart	Stromart
Hubmotor	90	585	geschlossen	Drehstrom
Hilfshubmotor	24	585	„	von
Katzfahrmotor	24	585	„	190 Volt
Kranfahrmotor	90	585	„	Frequenz 50

Gießlaufkran

Mechanischer Teil gebaut von der Deutschen Maschinenfabrik A.-G., Duisburg
für die Baroper Walzwerk-A.-G., Barop

An der Hauptkatze hängt, beiderseits über die Hauptkranträger hinweggreifend, ein starres Gerüst, das der Pfannentraverse eine sichere Führung gibt. Am Untergurt der Hauptträger läuft eine Hilfskatze für das Kippen der Pfanne und für Versatzarbeiten. An der Hilfskatze hängt der Führerkorb.

Tragkraft	45 t	Hubgeschwindigkeit	1,84 m min
Tragkraft der Hilfskatze	7,5 „	Katzfahrgeschwindigkeit	15,4 „
Spannweite	18,25 m	Kranfahrgeschwindigkeit	55 „
Hub der Pfanne	5 „	Hubgeschwindigkeit des Hilfshakens	8,8 „
		Fahrgeschwindigkeit der Hilfskatze	21,5 „

Motoren	PS	Drehzahl	Bauart	Stromart
Hubmotor	30	720	geschlossen	Drehstrom
Katzfahrmotor	8,5	945	„	von
Kranfahrmotor	30	720	„	
Hubmotor der Hilfskatze	18	715	„	220 Volt
Fahrmotor der Hilfskatze	3	925	„	Frequenz 50

Gießlaufkrane

Mechanischer Teil gebaut von Zobel, Neubert & Co., Schmalkalden,
für den Georgs-Marien-Bergwerks- und Hütten-Verein A.-G., Georgsmarienhütte

Das Pfannenkippwerk der Gießlaufkrane wird beim Gießen durch eine elektromagnetische Kupplung mit dem Hubwerk verbunden, so daß mit dem Hubmotor gleichzeitig gehoben und gekippt werden kann. Die Kippkette wird durch einen Hilfsmotor gehoben oder nachgelassen. Dadurch, daß zwei gleichartige Kippwerke vorgesehen sind, kann die Pfanne nach beiden Seiten gekippt werden.

Tragkraft	60 t
Spannweite	17,7 m
Hubgeschwindigkeit	2 m/min
Katzfahrgeschwindigkeit	20 „
Kranfahrgeschwindigkeit	60 „
Heben der Kippkette	4—20 „

Motoren:

	PS	Drehzahl	Bauart	Stromart
Hubmotor	45	900	geschlossen	Gleichstrom
Katzfahrmotor	12	700	„	von
Kranfahrmotor	45	900	„	500
2 Hilfsmotoren	je 3,3	1700	„	Volt

Stripper- und Tiefofenkran

Mechanischer Teil gebaut von der Deutschen Maschinenfabrik A.-G., Duisburg
für John Summers & Sons, Ltd., Shotton Flintshire, England

Der Stripperkran ist zum Ausdrücken der Blöcke aus den Kokillen bestimmt,
während der Tiefofenkran die Blöcke erfaßt und in den Ofen setzt, bezw. wieder
herauszieht. Die fahrbare Katze des Stripperkranes trägt ein starres Gerüst,
in dem die Stripperzange senkrecht beweglich und außerdem drehbar angeordnet
ist. Die Zange zum Erfassen der Kokillen wird durch die Bewegung des zum
Ausstoßen des Blockes dienenden Stripperstempels gesteuert.

Gewicht der Blöcke	5 t	Kranfahrgeschwindigkeit	124 m/min
Hubgeschwindigkeit	12,2 m/min	Volle Umdrehung der Zange	$4\frac{1}{2}$ mal i. d. min
Katzfahrgeschwindigkeit	32 „	Vorschub des Stripperstempels	4,4 m/min

Motoren	PS	Drehzahl	Bauart	Stromart
Hubmotor	33	675	geschlossen	Gleich-
Katzfahrmotor	9	840	„	strom
Kranfahrmotor	33	675	„	von
Drehmotor	4,5	840	„	220
Strippermotor	22,5	840	„	Volt

Blockeinsetzkran

Mechanischer Teil gebaut von der Deutschen Maschinenfabrik A.-G., Duisburg
für die Bismarckhütte in Bismarckhütte O.-S.

In dem von der Katze herabhängenden Führungsgerüst ist die Kransäule
senkrecht beweglich und außerdem drehbar gelagert. Am unteren Ende trägt
sie eine Plattform, welche die Zange mit den Antrieben für Greifen und Drehen,
sowie den Führerstand mit den Steuerapparaten enthält. Abgesehen vom
Greifen sind fünf Bewegungen möglich. Die Zange kann zunächst um ihre
wagerechte Achse gedreht und um die senkrechte Achse geschwenkt werden.
Es ist ferner möglich, sie mit der ganzen Plattform zu heben und zu senken,
und endlich, sie durch Verfahren der Katze oder des Kranes wagerecht
zu bewegen.

Tragkraft 5   t
Spannweite . . . . 9,6 m

Schließen der Zange . .	5 m/min	Plattformheben	4,6 m/min
Drehen „ „ . .	4¹/₂ mal i. d. min	Katzfahren	32 „
Schwenken um 360⁰ . . .	3 „ „ „ „	Kranfahren	75 „

Motoren:

für Heben und Kranfahren: . . . . je ein Motor von 26 PS, Drehzahl 540
„ Greifen, Drehen, Schwenken und Katzfahren: „   „   „   „ 12,5 „   „   670
Bauart: Geschlossene Gleichstrommotoren für 220 Volt

Blockeinsetzkran

Mechanischer Teil gebaut von der Deutschen Maschinenfabrik A.-G., Duisburg
für den Bochumer Verein für Bergbau und Gußstahlfabrikation, Bochum

Der Kran dient dazu, Blöcke aus den Einsatzöfen zu ziehen und nach dem
Walzwerksrollgang zu schaffen. An der Katze hängt ein senkrechtes Führungsgerüst, in dem eine senkrecht bewegliche Kransäule drehbar angeordnet ist.
Das untere Ende der Säule trägt eine Plattform, welche die Zange, die Bewegungs-
mechanismen und den Führerstand mit den Steuerapparaten enthält.

Gewicht der Blöcke . . . . 2 t
Hubgeschwindigkeit . . . . 9,7 m/min
Schwenken der Plattform um 360° . . 2 mal i. d. min
Katzfahrgeschwindigkeit . . . . . . 45 m/min
Kranfahrgeschwindigkeit . . . . . . 160 „

Motoren:

	PS	Drehzahl	Bauart	Stromart
Hubmotor	15,5	640	geschlossen	Gleichstrom
Schwenkmotor	1,9	990	„	von
Katzfahrmotor	4	700	„	500
Kranfahrmotor	35	650	„	Volt

Blocktransportkran

Mechanischer Teil gebaut von Zobel, Neubert & Co., Schmalkalden
für die Baildonhütte, Kattowitz, Oberschlesien

Der Kran ist imstande, mit einer in weiten Grenzen verstellbaren Zange
einzelne oder auch bis zu fünf neben- und übereinander geschichtete Blöcke
von 500—1000 kg Einzelgewicht zu greifen, anzuheben und in der Längs- oder
Querrichtung zu verfahren. Die Hub- und Fahrbewegungen sowie das Drehen
der Zange werden elektrisch bewirkt. Die Bewegung der Steuerstange zum
Öffnen und Schließen der Zange wird durch eine Steuertrommel, die mit dem
Hubwerk durch lösbare Kupplung verbunden ist, geregelt.

Hubgeschwindigkeit . . . . 15 m/min
Katzfahrgeschwindigkeit . . . . 60 „
Drehen der Zange um 360° . . . . 5mal i. d. min.
Kranfahrgeschwindigkeit . . . . 180 m/min

Motoren	PS	Drehzahl	Bauart	Stromart
Hubmotor	36	960	geschlossen	Drehstrom
Katzfahrmotor	7,5	940	„	von
Drehmotor	3,5	925	„	500 Volt
Kranfahrmotor	36	960	„	Frequenz 50

Knüppel-Verladekran

Mechanischer Teil gebaut von der Dampfkessel- und Gasometerfabrik A.-G. vorm. A. Wilke & Co.,
Braunschweig, für die Aktiengesellschaft Peiner Walzwerk, Peine

Der Kran, der zum Verladen von Knüppeln für das Peiner Walzwerk ausgeführt ist, ist als Viermotorenkran ausgebildet.

Tragkraft	10 t
Spannweite	16 m
Hub	6,2 „
Hubgeschwindigkeit	10 m min
Fahrgeschwindigkeit	140 „
Katzfahrgeschwindigkeit	50 „
Drehgeschwindigkeit	5 Umdr. i. d. min

Motoren:

	PS	Drehzahl	Bauart	Stromart
Hubmotor	33,5	830	geschlossen	Gleichstrom
Kranfahrmotor	38	800	„	von
Katzfahrmotor	7,2	470	„	500
Drehmotor	6	675	„	Volt

Elektrohängebahn
Mechanischer Teil gebaut von der Maschinenfabrik und Mühlenbauanstalt G. Luther A.-G., Braunschweig, für die Gasanstalt Weimar

Die Anlage befördert einerseits die Kohle von der Anfuhrstelle nach dem Lagerplatz bezw. nach der Aufbereitung und von da weiter zu den Öfen, anderseits den Koks von den Öfen zur Aufbereitung und von da nach dem Verladesilo oder dem Lagerplatz. Zu dem Zwecke sind zwei getrennte Bahnen mit je einer Laufkatze angeordnet. Nach Füllen des an Seilen hängenden Kübels wird die Bewegung der Katze von Hand eingeleitet, alles andere geschieht selbsttätig. Am Ende des Hebens wird das Hubwerk stillgesetzt und das Fahrwerk eingeschaltet. Während des Fahrens wird der Kübel auf mechanischem Wege entleert. Die Fahrbewegung wird unterbrochen, sobald die Katze am Ausgangspunkt wieder angekommen ist, worauf der leere Kübel gesenkt wird.

Last jeder Katze 650 kg Kohle oder 400 kg Koks
Hubgeschwindigkeit . . . . 12 m/min
Fahrgeschwindigkeit . . . . 72 „

Motoren:

	PS	Drehzahl	Bauart	Stromart
Hubmotor	3,8	1000	geschlossen	Gleichstrom
Fahrmotor	1,4	350	„	von 110 Volt

Elektrohängebahn

Mechanischer Teil gebaut von J. Pohlig A.-G., Cöln, für die Naamloze Vennootschap
Kunstmeststoffenfabrik vorheen van Hoorn, Luitjens & Kamminga, Groningen-Kostverloren, Holland

Die Elektrohängebahn dient dazu, Phosphate aus den Mühlen nach den
Lagerräumen zu befördern. Zur Verwendung gelangten Elektrohängebahnwagen
ohne Windwerk mit Seitenkippkübel. Die Wagen werden selbsttätig mit Hilfe
von Anschlägen entleert, die durch kleine Handwinden vom Fußboden aus verstellt
werden können. Die Anlage ist als Ringbahn mit dem der A.-G. Pohlig, Cöln
geschützten Blocksystem ausgeführt. Sie enthält 7 Wagen. Durch Hinzufügen
neuer Wagen läßt sich die Leistung der Anlage noch bedeutend erhöhen.

Länge der Bahn	. . . . .	440 m
Stündliche Leistung	. . etwa	20 t
Inhalt eines Kübels	. . . . .	4,5 cbm
Anzahl der Wagen	. . . . .	7

Motoren:

	PS	Drehzahl	Bauart	Stromart
7 Hängebahnmotoren . .	je 0,5	600	geschlossen	Gleichstrom 220 Volt

Kohlentransportanlage

im Kraftwerk Unterspree der Berliner Hoch- und Untergrundbahn. Verladebrücke mit Drehkran und Elektrohängebahn, mechanischer Teil gebaut von der Deutschen Maschinenfabrik A.-G., Duisburg. Conveyor gebaut von Carl Schenck, Eisengießerei und Maschinenfabrik, Darmstadt

Die Anlage umfaßt eine Verladebrücke mit fahrbarem Selbstgreifer-Drehkran und Elektrohängebahn, sowie einen Conveyor. Die Hängebahnwagen verkehren auf der Brücke und verteilen die Kohlen selbsttätig auf dem Lagerplatz, oder sie werden von der Brücke aus auf eine feste ringförmige Bahn geleitet, von wo die Kohlen durch einen Füllrumpf auf einen Conveyor und durch diesen zu den Bunkern des Kraftwerkes gelangen. Zusammenstöße werden durch ein Blockierungssystem der Siemens-Schuckertwerke ausgeschlossen.

Anzahl der Wagen	7	Hubgeschwindigkeit	40 m min
Fassungsraum jedes Wagens	1 cbm	Drehgeschwindigkeit	2,5 mal i. d. min.
Leistung bei Förderung nach dem		Kranfahrgeschwindigkeit	80 m min
Lagerplatz	80 t st	Brückenfahrgeschwindigkeit	14 „
Leistung des Conveyors	40 t st	Wagengeschwindigkeit	60 „

Motoren	PS	Drehzahl	Bauart	Stromart
Hubmotor	85	750	offen	Drehstrom
Drehmotor	12,5	1000	„	von
Kranfahrmotor	28	1000	geschlossen	500 Volt
2 Brückenfahrmotoren je	28	1000	„	Frequenz 40
Conveyormotor	12	1500	ventiliert gekapselt	
7 Hängebahnmotoren je	1,7	1100	geschlossen	Gleichstrom von 220 Volt

Kohlen-Verladeanlage

Mechanischer Teil gebaut von der Deutschen Maschinenfabrik A.-G., Duisburg,
für die Stromeyer-Lagerhausgesellschaft, Konstanz, Hafen Rheinau bei Mannheim

Verladebrücke mit Selbstgreiferlaufkatze

Tragkraft einschließlich Greifer . . . 3,6 t

Spannweite . . . . 70,2 m

Ausladung der Ausleger . . . . . je 23 „

Gesamtlänge . . . . 116 „

Lichte Höhe . . . . 10 „

Hubgeschwindigkeit . . . . 55 m/min

Katzfahrgeschwindigkeit . . . . . 120 „

Brückenfahrgeschwindigkeit . . . 30 „

Stündliche Leistung bei 30 m Fahr-
weg . . . . 70 t

Motoren	PS	Drehzahl	Bauart	Stromart
Hubmotor	50	720	offen	Drehstrom
Katzfahrmotor	10	940	„	von 225 Volt
2 Brückenfahrmotoren . . . . . je	18	950	„	Frequenz 50

Selbstgreifer-Drehkran

Tragkraft einschließl. Greifer 4 t   Ausladung 14,25 m

Heben 40 m min   Drehen 1,5 mal i. d. min   Fahren 60 m min

Motoren	PS	Drehzahl	Bauart	Stromart
Hubmotor	50	720	geschlossen	Drehstrom
Drehmotor	10	940	„	von 225 Volt
Fahrmotor	18	715	„	Frequenz 50

Verladeanlage

Mechanischer Teil gebaut von der Mannheimer Maschinenfabrik Mohr & Federhaff, Mannheim,
für Hugo Stinnes, Mülheim (Ruhr), für den Kohlenlagerplatz in Harburg

Tragkraft jedes Kranes der beiden Brücken	6	t
Stützweite	127	m
Länge des festen Auslegers	23,5	„
Länge des aufklappbaren Auslegers	15	„
Ausladung des Drehkranes	10	„
Gesamter Greiferweg	175,5	„
Lichte Höhe	17,5	„
Hubgeschwindigkeit	60	m/min
Drehgeschwindigkeit	180	„
Kranfahrgeschwindigkeit	240	„
Brückenfahrgeschwindigkeit	12	„
Stündliche Leistung einer Brücke	175	t

Motoren	PS	Drehzahl	Bauart	Stromart
Hubmotor	115	930	offen	
Drehmotor	15	1050	„	Gleichstrom
Kranfahrmotor	52	1050	geschlossen	von
Brückenfahrmotor	52	1050	„	600 Volt
Auslegerhubmotor	28,5	690	„	
2 Trichterhubmotoren . . je	8	1080	„	

Der Hubmotor hat Schützensteuerung
(siehe Teil I)

Kohlenverladebrücken

Mechanischer Teil gebaut von der Mannheimer Maschinenfabrik Mohr & Federhaff, Mannheim,
für die Brikettfabrik Emden des Rheinisch-Westfälischen Kohlensyndikats, Essen (Ruhr)

Die auf den fahrbaren Brücken laufenden Selbstgreifer-Drehkrane befördern
die Kohle aus den Schiffen auf den Lagerplatz oder führen sie mit Hilfe eines
Schütt-Trichters der Elektrohängebahn zu, die um den Lagerplatz herumläuft.

Tragkraft des Drehkranes	4	t
Stützweite der Brücken	90	m
Ausladung der Brücken	33	,,
Gesamtlänge	156	,,
Ausladung des Drehkranes	12,5	,,
Gesamtausladung	42,5	,,
Hubhöhe	20	,,
Hubgeschwindigkeit	36	m/min
Drehgeschwindigkeit	120	,,
Kranfahrgeschwindigkeit	156	,,
Brückenfahrgeschwindigkeit	9	,,
Leistung jeder Brücke in 10 Stunden	800	t Kohle

Motoren	PS	Drehzahl	Bauart	Stromart
Hubmotor	43	900	offen	
Drehmotor	7	1100	,,	Gleichstrom
Kranfahrmotor	24	970	geschlossen	von
Brückenfahrmotor	35	965	,,	210 Volt
Motor für Gurttransportband	14	1080	,,	

Kohlenverladebrücken

Mechanischer Teil gebaut von der Mannheimer Maschinenfabrik Mohr & Federhaff, Mannheim,
für das Consorzio autonomo del porto di Genova zur Aufstellung
auf dem Ponte Biagio Assereto und Ponte Caracciolo in Genua

Die gesamte Kohleverladeanlage besteht aus 9 fahrbaren Verladebrücken
auf dem Ponte Biagio Assereto, 12 Verladebrücken auf dem Ponte Caracciolo
und der Zentralstation zur Erzeugung der für den Betrieb benötigten elektrischen
Energie. Die Brücken sind in zwei Reihen angeordnet und dienen dazu, die
Kohle aus den an den beiden Längsseiten des Ponte Biagio Assereto und des
Ponte Caracciolo liegenden Schiffen in Eisenbahnwagen oder auf den Lagerplatz zu schaffen, oder vom Lagerplatz in die Eisenbahnwagen zu befördern.
In jeden Drehkran ist eine automatische Wage eingebaut, die bei jedem Hub
nach Betätigung einer Auslösevorrichtung den Greiferinhalt selbsttätig wiegt und
registriert. Das Wiegen ist an jeder Stelle der Brücke möglich.

Tragkraft des Selbstgreifer-Drehkranes	4	t
Hubhöhe	20	m
Lichte Höhe	8	„
Länge zwischen den Stützen	36	„
Ausladung an der Wasserseite	8,5	„
Ausladung des Drehkranes	14	„
Gesamt-Ausladung	18,7	„

Durchschnittliche stündliche Leistung einer Brücke bei
gleichzeitigem Arbeiten aller Brücken . . . . 78,8 t Kohle

Stündliche Leistung bei angestrengtem Probebetrieb
einer einzelnen Brücke . . . . 130 „ „

Hubgeschwindigkeit . . . . 42 m min
Drehgeschwindigkeit . . . . 144 „
Kranfahrgeschwindigkeit . . . . 156 „

Elektrische Ausrüstung

Bei 8 Brücken auf dem Ponte Biagio Assereto wird das Verfahren, das
bei diesen Brücken nur selten vorkommt, von Hand bewirkt. Für die übrigen
Bewegungen dienen die folgenden Motoren:

Motoren:	PS	Drehzahl	Bauart	Stromart
Hubmotor	50	780	offen	Gleichstrom
Drehmotor	7,5	1150	„	von
Kranfahrmotor . .	24	660	geschlossen	500 Volt

Die übrigen Brücken sind mit den folgenden Motoren ausgerüstet:

Motoren:	PS	Drehzahl	Bauart	Stromart
Hubmotor	52	810	offen	Gleichstrom
Drehmotor	7,8	1270	„	von
Kranfahrmotor . .	32	740	geschlossen	500
Brückenfahrmotor .	14,5	835	„	Volt

Das für die Verladeanlage besonders errichtete Kraftwerk umfaßt drei
Maschinensätze. Jeder Maschinensatz enthält:

1 Dampfmaschine von 120 PS, Höchstleistung 150 PS
1 Gleichstrommaschine von 100 KW, 550 Volt

Zur Aufnahme der Stromstöße bei vorübergehender starker Energieentnahme
ist eine Pufferbatterie aufgestellt, deren Wirkung durch eine Piranimaschine
unterstützt wird.

Verladebrücke

Mechanischer Teil gebaut von der Maschinenfabrik Augsburg-Nürnberg A. G.
für die Luitpoldhütte, Königl. Bayerisches Berg- und Hüttenamt Amberg (Oberpfalz)

Die Brücke hat die Aufgabe, Masseln auf dem Lagerplatz zu verteilen
oder sie in Eisenbahnwagen zu verladen. Die auf der Brücke laufende Katze
trägt einen Elektromagneten zum Aufgreifen der Masseln, oder sie arbeitet
mit einem vom Hubwerksgehänge leicht abnehmbaren Kasten, der durch
Auseinanderklappen entleert werden kann. Die beiden Laufgleise für die
Brücke haben einen Höhenunterschied von 8,3 m, ihre Mittenentfernung beträgt
35,7 m. An einer Seite kragt die Brücke um 3 m aus.

Nutzlast	3 t
Hubgeschwindigkeit	8 m/min
Katzfahrgeschwindigkeit	40 „
Brückenfahrgeschwindigkeit	75 „

Motoren:

	PS	Drehzahl	Bauart	Stromart
Hubmotor	11	830	geschlossen	Gleichstrom
Katzfahrmotor	3,2	1080	„	von
Brückenfahrmotor	20	835	„	500 Volt

Kohlenverladevorrichtung

Mechanischer Teil gebaut von Carl Schenck, Eisengießerei und Maschinenfabrik Darmstadt
für die Oberrheinischen Kraftwerke A.-G. Mülhausen (Elsaß)

Die Verladevorrichtung dient dazu, um Kohle vom Schiff auf den Lagerplatz zu schaffen. Die Katze läuft an einer 130 m langen Bahn, die über
dem Wasser 7 m ausladet und im wasserseitigen Turm eine automatische
Wage enthält.

Tragkraft der Katze	3 t
Fassungsvermögen des Greifers	1,5 cbm
Länge der Bahn	130 m
Gesamthubhöhe	12 „
Hubgeschwindigkeit	36 m/min
Katzfahrgeschwindigkeit	150 „
Leistung in 10 Stunden	300 t Kohle vom Schiff auf den 100 m entfernten Lagerplatz.

Motoren:

	PS	Drehzahl	Bauart	Stromart
Hubmotor	30	715	offen	Drehstrom von
Fahrmotor	14	1435	„	220 Volt, Frequ. 50

Fahrbare Verladebrücken

Mechanischer Teil gebaut von der Duisburger Maschinenfabrik J. Jaeger, Duisburg, für den Hafen
Walsum der Gutehoffnungshütte, Aktien-Verein für Bergbau- und Hüttenbetrieb, Oberhausen

Die Anlage umfaßt zwei Verladebrücken, die auf einer Landzuge zwischen
dem Rheinstrom und dem Hafenbecken laufen und die Kohle von den Eisenbahnwagen oder vom Lager in Schiffe schaffen. Beim Verladen von den Eisenbahnwagen werden die mit Kohle gefüllten Spezialkübel unmittelbar von den Wagen
abgehoben und durch Öffnen in das Schiff entleert. Vom Lager werden die
Kohlen mit Hilfe von Greifern verladen.

```
Tragkraft des Drehkrans auf der Brücke  . . . . . . .  10  t
Fassungsraum des Greifers  . . . . . . . . . . . .  6,5 cbm
Leistung einer Brücke in der Stunde 240 t vom Wagen ins Schiff
       „       „      „     „  „      „   120 „  „  Lager  „   „
```

Stützweite	90	m	Hubgeschwindigkeit	18	m/min
Ausladung auf jeder Seite . . .	11,25	„	Drehgeschwindigkeit	120	„
Gesamtlänge	112,5	„	Kranfahrgeschwindigkeit	90	„
Ausladung des Drehkrans	11	„	Brückenfahrgeschwindigkeit . . .	24	„

Motoren:

	PS	Drehzahl	Bauart	Stromart
Hubmotor	60	575	offen	Drehstrom
Drehmotor	10	960	„	von
Kranfahrmotor	30	720	geschlossen	500 Volt
Brückenfahrmotor	68	720	„	Frequenz 50

Verladebrücke

Mechanischer Teil gebaut von der Deutschen Maschinenfabrik A.-G., Duisburg,
für die Kaiserlichen Stahlwerke, Yawatamachi, Japan

Die Brücke, die eine Gesamtlänge von 88,25 m besitzt, dient zum Verladen von Profileisen. Das Brückengerüst ist als doppelarmiger Träger ausgebildet, dessen Stützjoche auf einer Bahn von 8 m Spurweite laufen. Die lichte Weite der Stützjoche beläuft sich auf 16 m, so daß senkrecht zur Laufkatzenbahn liegende Profileisen von 15 m Länge noch hindurchgeführt werden können. Auf der Laufkatze befinden sich die Triebwerke für Hub und Katzfahren, das Brückenfahrwerk liegt in den beiden Jochen.

Tragkraft der Brücke	3,5	t
Gesamtlänge der Brücke	88,25	m
Lichte Weite der Stützjoche	16	„
Spurweite der Bahn	8	„
Hubgeschwindigkeit	12	m min
Katzfahrgeschwindigkeit	90	„
Brückenfahrgeschwindigkeit	75	„

Motoren:

	PS	Drehzahl	Bauart	Stromart
Hubmotor	23	840	geschlossen	Gleichstrom
Katzfahrmotor	7,2	1450	„	von
2 Brückenfahrmotoren	je 33	750	„	235 Volt

Verladebrücken

Mechanischer Teil gebaut von der Maschinenfabrik Augsburg-Nürnberg A. G.,
für Walton, Gooddy & Cripps Ltd., Carrara

Die größere der beiden abgebildeten Verladebrücken ist zum Verladen von Marmorblöcken, die kleinere zum Verladen von Marmorplatten bestimmt.

	25 t-Verladebrücke		5 t-Verladebrücke	
Tragkraft	25	t	5	t
Spurweite	25	m	18	m
Ausladung auf jeder Seite je	5	„	6,5	„
Hubgeschwindigkeit	1,2	m/min	4	m/min
Katzfahrgeschwindigkeit	14—15	„	25	„
Brückenfahrgeschwindigkeit	20	„	20—25	„

Motoren	PS	Drehzahl	PS	Drehzahl
Hubmotor	12,6	795	7,5	780
Katzfahrmotor	4,2	1190	2,8	1190
Brückenfahrmotor	16,8	800	8,4	785

Die Motoren sind von geschlossener Bauart. Sie werden durch Drehstrom von 500 Volt, Frequenz 42, gespeist.

Waggonkipper

Mechanischer Teil gebaut von der Deutschen Maschinenfabrik A.-G., Duisburg,
für den Duisburg-Ruhrorter Hafen

Die Waggonkipper-Anlage im Duisburg-Ruhrorter Hafen umfaßt sieben Kipper, durch welche die Kohle unter Kippen der Eisenbahnwagen in Schiffe verladen wird. Die Kipper sind über die Ufergleise hinweg in das Hafenbecken hineingebaut, so daß sie das Verladen aus den Ufergleisen und von den Lagerplätzen nicht beeinträchtigen.

```
Stündliche Leistung eines Kippers:
      bei angestrengtem Betrieb . . . . . . . . . 40 Wagen
      beim Probebetrieb erreicht . . . . . . . . . 45    „
Normale Leistung eines Kippers in 10 st . . . 150    „
```

Motoren:

	PS	Drehzahl	Bauart	Stromart
Kippen	42	720	geschlossen	Dreh-
Trichterfahren	42	720	„	strom
Trichterheben	70	580	„	von
Schieberbewegen	12	570	„	220 Volt
Schüttrinneheben	12	570	„	Frequ. 50

Waggonkipper

Mechanischer Teil gebaut vom Eisenwerk (vorm. Nagel & Kaemp), Hamburg-Uhlenhorst,
für die Trustees of Clyde Navigation, Glasgow

Die Anlage umfaßt vier Kipper. Die auf Kai-Niveau ankommenden
Wagen fahren auf eine Plattform, werden mit dieser auf die erforderliche Höhe
gehoben und durch Aufkippen der Plattform um 45° in die in der Höhe
gleichfalls verstellbare Schüttrinne entleert. Nach Zurückkippen senkt sich die
Plattform zunächst bis zu einem Hochgleis 5 m über Kai-Niveau, der leere
Wagen wird abgezogen, und die Plattform wird dann weiter zur Aufnahme des
nächsten Wagens in die Anfangstellung herabgelassen.

An der Vorderseite des Kippers ist ein Ausleger-Drehkran angeordnet, durch den vor Beginn des Kippens eine gewisse Menge Kohle mit Hilfe eines Kübels in das Schiff gelassen und ein Schüttkegel hergestellt werden kann. Der Kran kann außerdem zur Übernahme von Stückgütern verwendet werden.

Bruttonutzlast jedes Kippers . . . . 32 t
Größte Hubhöhe der Plattform . . . . . 15 bezw. 18 m
Hubgeschwindigkeit . . . . 30 m/min
Zeitdauer für volles Spiel bei 15 m Hubhöhe . . 100 sk
Stündl. Leistung bei mittl. Hubhöhe etwa 50 Wagen = 1000 t

Motoren	PS	Drehzahl	Stromart
Hubmotor	300	400	Gleichstrom
Kippmotor	300	400	von
Kranhubmotor	50	400	440 Volt
Krandrehmotor	10	600	

Der Kranhubmotor kann nach Umkupplung auch zum Heben und Senken der Schüttrinne benutzt werden. Der Haupthubmotor und der Kippmotor sind so eingebaut, daß jeder die Arbeit des andern übernehmen kann.

Die Motoren werden, abgesehen vom Drehmotor, durch Schwungradsteuermaschinen mit Leonardschaltung gesteuert. Jeder der drei Maschinensätze der Zentrale umfaßt:

1 Dampfmaschine von . . . . . . 450 PS, Höchstleistung 600 PS, Drehzahl 375
2 Steuerdynomos von je . . . . 300 KW
1 Krandynamo von . . . . 250 „ zum Antrieb von Kranen, Spills usw.
1 Schwungrad von . . . . . . 16 t

Von den Maschinensätzen ist einer als Reserve bestimmt. Jeder Maschinensatz dient zum Betriebe von zwei Kippern, wodurch sich ein gewisser Belastungsausgleich ergibt.

Waggonkipper

Mechanischer Teil gebaut von Fried. Krupp A.-G. Grusonwerk, Magdeburg-Buckau,
für den Oderhafen Cosel

Die Anlage enthält zwei Kipper, durch welche die Kohle unter Aufkippen
der Eisenbahnwagen in Frachtkähne verladen wird.

Gesamtgewicht eines Eisenbahnwagens . . . . 30 t
Normalleistung jedes Kippers in 10 Stunden . . . . 100 Wagen

Motoren	PS	Drehzahl	Bauart	Stromart
Plattformhubwerk	40	810	geschlossen	Gleichstrom
Lenkerhubwerk	40	810	,,	von
Klappenwindwerk	9,4	385	,,	200 Volt

Schwimmender pneumatischer Getreideheber

Mechanischer Teil gebaut von der Maschinenfabrik und Mühlenbauanstalt G. Luther A.-G.,
Braunschweig, für die Maatschappij tot Exploitatie van Drijvende Elevators, Rotterdam

Das Getreide wird in Rohrleitungen nach einem Rezipienten gesaugt, dann
von pendelnden Schleusen ausgeschieden und über Dezimalwagen durch Teleskop-
rohre nach dem Leichter übergeführt. Die stündliche Leistung ist 150 t.

Motoren:	Zwei ventiliert gekapselte Gleichstrommotoren zum Antrieb der Schleusen, Leistung je 2 PS, Drehzahl 980
Lampen:	2 Bogenlampen von je 6 Amp., sowie 65 Glühlampen
Stromerzeuger:	1 Generator von 4,5 KW, 115 Volt, für die Motoren
	1 „ „ 8,5 „ 115 „ „ „ Beleuchtung

Kohlen- und Kokstransportanlage

Mechanischer Teil gebaut von J. Pohlig, Aktiengesellschaft, Cöln
für das Gaswerk „An der Dachauerstraße" der Stadt München

Die Anlage besteht aus einer Reihe von durchweg elektrisch angetriebenen Hebe- und Transportvorrichtungen, die so ineinandergreifen, daß sich ein vollkommen fortlaufender Betrieb ergibt, der an den Ankunftsgleisen für die Kohle beginnt und an den Verladegleisen für den fertigen Koks endigt. Stündlich können 40 t Kohle transportiert und 60 cbm Koks gefördert und separiert werden.

Die Anlage umfaßt die folgenden Hebezeuge und Transportvorrichtungen:

 1. **Spill** . . . . 1 Motor von . . . . . 15 PS
 2. **Schiebebühne von 60 t Tragkraft** . . . . 1 „ „ . . . . 21 „
 3. **2 Verladebrücken im Kohlenschuppen** . . . . . . Je 1 Hubmotor von 42 „
                                               „ 1 Katzfahrmotor „ 6 „
                                                 „ 1 Brückenfahrmotor „ 6 „
 4. **Stahltransportband** . . . . 1 Motor von . . . . 9 „
 5. **Brech- und Siebanlage** . . . . 2 Motoren „ je . . 15 „
 6. **Entstäubungsanlage** . . . . 1 Motor „ . . . 7,5 „
 7. **Conveyor** . . . . 1 „ „ . . . . 15 „
 8. **Zubringerwagen** . . . . 1 „ „ . . . . 11 „
 9. **Beschickungswagen der Generatorenfeuerung** . . . . . 1 „ „ . . . . 11 „
10. **Schrägaufzug** . . . . 1 „ „ . . . 34 „
11. **Lagerplatz-Verladebrücke**
    (Spannweite 42 m, Länge 72 m,
    Fassungsraum des Greifers 4 cbm)
                                     Hubwerk 1 „ „ . . . . 60 „
                                     Katzfahrwerk 1 „ „ . . . . 11 „
                                     Hauptstützenantrieb 1 „ „ . . . . 30 „
                                     Pendelstützenantrieb 1 „ „ . . . . 18 „
12. **Koksseparation** . . . . 2 Motoren „ je . . 35 „
13. **Koks-Transportwagen** . . . . 1 Motor „ . . . . 11 „

Die Motoren sind von geschlossener Bauart. Sie werden durch Drehstrom von 500 Volt, Frequenz 50, der aus einer eigenen Zentrale oder aus dem städtischen Netz entnommen wird, gespeist.

Rangierwinde

Mechanischer Teil gebaut von Jos. Vögele, Mannheim
für Bopp & Reuther, Maschinen- und Armaturenfabrik, Mannheim

Zugkraft 1000 kg, Seilgeschwindigkeit 45 m/min
Antrieb durch Gleichstrommotor von 13 PS, Drehzahl 1100, Spannung 220 Volt

Spill

Mechanischer Teil gebaut von Jos. Vögele, Mannheim
für die Société du Port de Haidar Pascha, Konstantinopel

Zugkraft 1500 kg   Seilgeschwindigkeit 55 m/min
Antrieb durch Gleichstrommotor von 20 PS, Drehzahl 830, Spannung 220 Volt
Die Spills werden auch mit selbsttätiger Seilaufwicklungsvorrichtung ausgeführt.

Drehscheibe und Spill

Mechanischer Teil gebaut von E. Becker, Berlin-Reinickendorf, für die Eisenbahnwerkstätten Potsdam

Drehscheibe: Nutzlast 60 t, Nutzlänge 18,2 m. Antrieb durch einen auf dem Schienenkranz der Drehscheibe laufenden Schlepperwagen.
Motor: Drehstrommotor von 7 PS

Spill: Zugkraft 600 kg, Seilgeschwindigkeit 30 m min
Motor: Drehstrommotor von 6 PS

Drehscheibenantrieb

Mechanischer Teil gebaut von der Maschinenfabrik J. E. Christoph A.-G., Niesky, für den Rangierbahnhof Görlitz

Der elektrische Antrieb ist auf dem Deckel eines früher für Handantrieb bestimmten Windenbockes untergebracht. Das Vorgelege ist im Betrieb abgedeckt.

Antrieb durch Drehstrommotor von 3,5 PS, Drehzahl 1420

Kippdrehscheiben für Waggonkipper

Mechanischer Teil gebaut von der Deutschen Maschinenfabrik A.-G., Duisburg
für den Duisburg-Ruhrorter Hafen

Die Kippdrehscheiben sind zum Betrieb der auf Seite 61 beschriebenen Waggonkipper bestimmt, und zwar gehören zu jedem Kipper zwei Drehscheiben. Von diesen liegt die erste im Zulaufgleise. Die mit Kohle beladenen Wagen laufen unter Ausnutzung des vorhandenen Gefälles auf diese Scheibe auf und werden durch eine Gleisbremse festgehalten. Nach Feststellung des Gesamtgewichtes wird die Scheibe gedreht und dann das Kippodest einseitig angehoben, so daß der Wagen in das Zulaufgleis zum Waggonkipper abläuft. Der leere Wagen läuft selbsttätig vom Kipper nach der zweiten Drehscheibe, die das Gewicht des leeren Wagens feststellt und diesen dann in das Ablaufgleis lenkt.

Tragfähigkeit . . . . 40 t
Äußerer Durchmesser . . . . . 7,7 m
Volle Umdrehung $2^{1}/_{2}$ mal in der Minute
Zeit für Hochkippen der Plattform 4 sk

Motoren:

	PS	Drehzahl	Bauart	Stromart
Drehmotor	24	575	geschlossen	Drehstrom von
Kippmotor	42	720	„	220 Volt, Frequ. 60

Schiebebühne

Mechanischer Teil gebaut von der Maschinenbau-Aktien-Gesellschaft vorm. Beck & Henkel, Cassel,
für die Königliche Eisenbahnwerkstätte Wanne

Tragfähigkeit 85 t   Nutzlänge 16,15 m   Fahrgeschwindigkeit mit Last 45 m/min
Antrieb durch Drehstrommotor von 30 PS, Drehzahl 715, Spannung 105 Volt, Frequenz 50

Schiebebühne

Mechanischer Teil gebaut von Jos. Vögele, Mannheim,
für den Lokomotivschuppen des Schlesischen Bahnhofs, Berlin

Tragfähigkeit 133 t   Länge 20 m
Fahrgeschwindigkeit: bei voller Belastung 30 m/min, ohne Belastung 60 m/min
Antrieb durch Gleichstrommotor von 22,5 PS, Drehzahl 840, Spannung 220 Volt
Schiebebühnen der gleichen Länge werden auch auf 2 Laufsträngen laufend gebaut.

250 t-Hammerkran

Mechanischer Teil gebaut von der Deutschen Maschinenfabrik A.-G., Duisburg,
für die Werft von Blohm & Voß in Hamburg

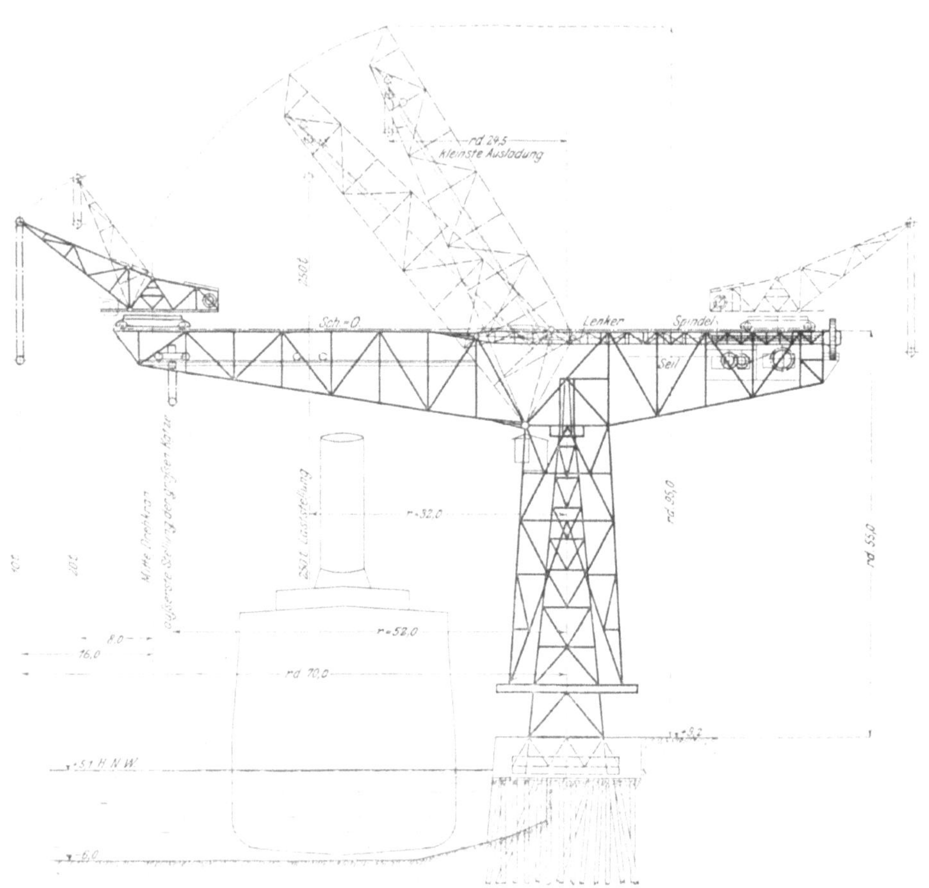

Der Kran, der für eine Tragkraft von 250 t bestimmt ist, also den zur
Zeit größten Kran der Welt darstellt, ist gleichzeitig Hammerdrehkran und
Wippkran. Bei Benutzung als Hammerdrehkran steht der um eine feststehende
Säule drehbare Teil horizontal. Er wird von einer Laufkatze oder einem 20 t-
Drehkran befahren. Bei Benutzung als Wippkran wird der 20 t-Drehkran bis
zur äußersten Stellung auf dem Gegengewichtarm ausgefahren, die Katze auf
dem vorderen Ende des Auslegers festgestellt und der Ausleger aufgerichtet.

250 t - Hammerkran

Tragkraft
bei 50 m Ausladung . . . . . . 100 t
„ 32 „   „   . . . . . . 250 „
Hubhöhe bei wagerechtem Ausleger .   49 m
Ausladung bei wagerechtem Ausleger   52 „
Höhe von Wasserspiegel bis Spitze
des aufgerichteten Auslegers . . . 100 „
Kleinste Ausladung bei aufgerichtetem
Ausleger . . . . 24,5 „

Hubgeschwindigkeit
bei 250 t . . . . 1,6 m/min
„ 100 „ 4   „
Zeitdauer für Drehen mit 250 t 12 min
„   „ Einziehen
ohne Belastung . . . . . . 30–35 min
Katzfahrgeschwindigkeit bei Belastung 12   m/min

20 t - Drehkran auf dem Ausleger

Tragkraft
bei 8 m Ausladung . . . . . . 20 t
„ 16 „   „   . . . . . . 10 „
Höhe von Wasserspiegel bis Oberkante
der Laufschiene . . . . 60 m
Hubhöhe über Wasser bei 10 t Last .   80 „
Durchmesser des Arbeitsfeldes bei
10 t Last . . . . 140 „

Hubgeschwindigkeit
bei 20 t . . . . 10 m/min
„ 10 „ 20   „
Zeitdauer für Drehen mit 20 t . . 2 min
„   „ Einziehen mit 10 t . 4 „
Fahrgeschwindigkeit . . . . 40 m/min

Elektrische Ausrüstung

250 t - Hammerkran

	PS	Drehzahl	Bauart	Stromart
2 Hub- und Einziehmotoren in Reihe je	95	400	offen	Gleichstrom
2 Katzfahrmotoren „ „ „	38	700	geschlossen	von
2 Drehmotoren „ „ „	38	400	„	440 Volt

20 t - Drehkran auf dem Ausleger

	PS	Drehzahl	Bauart	Stromart
Hubmotor	71	610	geschlossen	Gleichstrom
Drehmotor	11,5	590	„	von
Einziehmotor	39	430	„	440
Fahrmotor	61	470	„	Volt

Die Motoren werden durch zwei Gleichstrom-Steuermaschinen mit Leonardschaltung gesteuert, von denen die eine als Reserve dient. Die Steuermaschinen
sind, ebenso wie die Hub- und Einziehmotoren des 250 t - Krans, auf dem
rückwärtigen Teil des Hammers aufgestellt. Jede Steuermaschine enthält:

1 Steuermotor von 360 PS, 440 Volt
1 Steuerdynamo von 160 KW, 440 Volt
1   „   „   65 „ 440 „

Inhaltsverzeichnis

*) Über den größten Kran von 250 t Tragkraft siehe Seite 72 und 73.

13360/1 d